我的減醣高植餐桌——高比例蔬食減脂對策

66 道常備品・家常料理・早餐・涼拌・湯品・點心

胖仙女（蔡宓苓）著

讓減醣成為一生的健康飲食習慣

「減醣讓中年的我在三個月瘦 8 公斤，體脂減少 5%，但這不是一本教你如何在短時間瘦下來的食譜書，而是讓減醣＋高比例蔬食成為你一輩子的健康飲食習慣。」

身為一個分享食譜的部落客，以及餐飲教學的老師，我所做、所教的料理非常多元，中式料理、異國料理、烘焙、點心……拼起來就是一張「美食」的地圖。就算如此，我喜歡製作更勝於吃，做出來的美食多半為了家人，至於食量也算是正常。從十多年前懷孕之後，我更加注重飲食的健康，深知不同食物對身體的益處與壞處，沒想到到了中年，家族遺傳的高血脂無情來襲，在還沒有認真進入低醣飲食之前，我很常被自己健檢的數字嚇到。

「這數字不是應該發生在一個時常應酬、熬夜的胖大叔身上嗎？」拿到報告打開的那一刻，我總是疑惑。後來幾年，熱量限制、有一搭沒一搭的減個醣……都試過，高血脂情況時好時壞，於是我開始認真做功課，終於找到了一個可以輕鬆執行，且對我這種泡芙人體質很有效的方法，那就是從嚴格的醣分控制，讓數字回到正常，之後再放寬一些醣分限制，成為日常的飲食內容。

「這真的是我的健檢報告嗎？」

很多減醣瘦身的書，作者在短時間減掉的體重，其數字之驚人總能引起注意，但我沒有。就算體重來到人生的最高峰，講出去的數字，都會被笑說那是多少減重者努力之後才能達到的目標數字，你還要減？

但，這才是最可怕的地方！

　　這就是傳說中的「泡芙人」體質，外表看起來頂多微胖，也就是天生皮下存不了太多脂肪，但過多的脂肪卻往身體裡儲存，血液、肝臟等等，說真的，如果自己不去注意健康狀況，周遭的人完全看不出來。

　　帶著並不胖的皮囊，拿到健檢報告會嚇一跳，站上體脂計同樣會嚇一跳。當然，體脂不等於血脂，不過無法天天做抽血檢驗，我就會非常注意自己的體脂，畢竟有個道理很簡單，當我的體脂控制在正常標準，對血脂絕對有益無害！

「我又沒吃什麼……」

　　對於我這種「自以為」吃得比一般人健康，食量不大，又幾乎三餐自己煮食把關的人來說，當知道身體的真實狀況時，都會有一種冤枉感，想著我又沒吃什麼！但真的不需要和旁人比，只要靜下心來，好好紀錄每天吃進去的東西，再問一次自己，你真的沒吃什麼嗎？相信大部分的人都是心虛的。

　　以我自己來說，中年、三高家族遺傳基因，我的飲食內容本來就不需要和年輕人、沒有泡芙人體質的人相比。我在連續幾個月每日體重、體脂加上飲食紀錄中，就可以分析出我的「耐受度」為何。所謂的耐受度，就是在吃差不多的三餐內容，旁人吃一塊生日蛋糕，在經吸收消化之後，他的體脂可能只多了 0.2%，但我就會直接飆升 1%。

　　當然，飲食的交互作用很複雜，有時候要論過，並不一定只是單一食物如此簡單，但這樣紀錄一段時間之後，你會越來越了解自己的身體。慢慢的，你不再去計較，為什麼別人那樣吃沒事，就你有事，而是接納自己的身體狀況，從而專注、認真的去維護它，揮別食物從口入，卻從不思考的壞習慣。

為什麼要減醣？

　　不管是像我這樣的泡芙人體質，還是一般想要減重，或吃得更健康的朋

友，我都會鼓勵別人從減醣開始。事實上，讓我們身體能夠運作的能量，就是脂肪、蛋白質和碳水化合物，而這個碳水化合物，就是「醣」。為什麼要減醣呢？複雜的機制在這裡不多說，簡單的結論就是當身體需要消耗能量的時候，會最先利用肝醣和葡萄糖做為來源，用完的話才會消耗到脂肪，然而減醣就是對身體進行騙術，當身體的醣分減少，脂肪就會被迫燃燒。

減醣要減多少才夠呢？一般正常飲食，以衛福部的建議，熱量來源的50%-60% 來自醣類，如果你剛好也這樣吃的話，不妨慢慢降低占比。以我自己來說，我每天的食量並不固定，占比只能大致有個概念，卻無法精算，最簡單的方式就是算出每日攝取食物的「淨碳水化合物」。
● 淨碳水化合物＝碳水化合物－膳食纖維

一開始減醣，我每日攝取的淨碳水化合物，也就是淨碳值，會維持在60-70 公克，的確有點嚴苛，但執行了二 - 三週，體重和體脂手牽手開始乖乖下滑的時候，我會再多個 10 公克。約三個月後進入身體的穩定期，80-100 公克便會成為我的常態。當然，每個人的情況不同，究竟減多少才夠，我認為最好的參考依據還是來自前面所說的紀錄。

計算食物淨碳值，好麻煩？

要計算食物的淨碳值，可以利用網路上衛福部的「食品營養成分資料庫」，輸入食物名稱，它的營養標示就會清楚呈現，只要自己將「碳水化合物」減掉「膳食纖維」即可得出。此外，也有手機版可利用，APP 名稱為「營養成分」，在外面吃飯的時候，非常好用。

這本書已經把每一道的總淨碳值與單分淨碳值計算出來，大家直接參考使用即可。但外食或自己做菜的時候，我會建議在控醣前期還是去做這樣的計算，但不必太過精算，連小數點都不放過，免得讓人不耐，反而影響減醣持續力。當初在計算的時候，家人也會笑我吃飯還要拿出計算機，不過算了大概兩、

三個月之後，就會對食物有基本概念，從此可以拋掉計算機而不爆醣了！

漸進式減醣，讓健康飲食成為生活的一部分

很多朋友會跟我反應，自己是「澱粉控」，無米麵不歡，卻又深受三高所困擾。我想身在有許多米麵美食的台灣，減醣的確不容易，像我自己也是糯米控。我很鼓勵用漸進式的方法，也就是不要一下子減掉太多醣分，就算從「每餐少一口飯」開始都是好的。

就像我前面所說的，你必須了解自己，以每日淨碳水化合物攝取量來說，每日達到就好。如果你是每餐都需要澱粉的朋友，那就減少每餐澱粉量；如果你是喜歡享受一整碗米飯，一口滿足不了，那就一、兩餐不要碰澱粉，然後用一餐好好滿足自己。

這些方法並沒有什麼限制，我認為最長遠的目標，都不是兩個月瘦 10 公斤這種激進結果，而是像這樣不依賴過多澱粉的健康飲食習慣，能夠成功變成生活的一部分。所以，找出一個你能適應的漸進式方法是重要的，它能帶你穩穩的進入另一個飲食新世界，心甘情願，沒有被剝奪感。

從料理製作改善蔬菜不足的現象

現代人的飲食，我覺得除了普遍醣分過高之外，蔬菜嚴重不足、魚蛋肉類卻過量。根據統計，86% 的國人蔬菜攝取不足，也就是絕大部分的人，並沒有吃到衛福部建議的每日三分蔬菜（煮熟後約 1/2 碗為一分），而每餐只需一掌心的蛋白質，卻因為肉多多而總是過量！

以前的我，就算食量並不大，但飲食偏向於想吃什麼就吃什麼，現在仔細一想，如果沒有「意識」到這個問題，上述的情況很容易發生。但自從減醣之後，開始習慣大量的蔬菜與適量的蛋白質，不只外食的選擇，就連餐桌上的菜色也改變了。

這本書除了分享減醣料理，還有個很重要的核心就是「高植」，也就是在

我家餐桌，有高比例是植物性食物。這樣的料理製作方式，其實只要花一點巧思，每個人都能輕鬆做到！此外，如果你的早、午餐不得不外食，只有晚餐跟假日自己下廚，高植餐桌也能幫助你彌補不足的蔬菜量。

減醣的重要小提醒

★不要只注意食物的淨碳值

減醣飲食，食物淨碳值當然是關注的首要，不過我會建議不要「只」注意這一項。有不少食物都是「低醣卻高熱量」、「低醣卻高鈉」，像是乳製加工品、肥肉類、肉類加工品等等，不是不能吃，但最好列入「久久吃一次」的名單。

★營養要足夠，每天要吃飽

減醣只是降低醣分的攝取，並不是完全不吃澱粉，足夠的澱粉可以提供大腦與神經細胞需要的葡萄糖，所以一定要吃！只是這個澱粉的選擇，最好的當然是天然食材，像是地瓜、馬鈴薯、南瓜等等；無米飯不歡的朋友，也建議用五穀雜糧來搭配，減少純精緻米、麵的攝取。

蔬食類的話，每種顏色都不要偏廢，選購的時候記住青、赤、黃、白、黑都買，或是彩虹原則，就不用擔心了。

「吃飽」也是很重要的，很多人會在零食和消夜上爆醣，大部分是因為正餐沒有飽足，所以一定要吃飽，但不是指吃到對健康有傷害的「過飽」，而是盡量讓正餐就能滿足，不需要額外的飲食。

★醣分高的食物，要食之有道

習慣低醣飲食之後，我很自然的遠離對身體不好的糖分、精緻澱粉，但永遠都不能吃了嗎？其實偶爾的放鬆反而有益於走更長遠的路。以前我會給自己每個月一天的「爆醣日」，但實在是太痛苦了！我跟著家人吃所謂正常的三餐，吃完之後昏昏欲睡，我一點也沒有被犒賞的感覺，反而覺得是種懲罰。

後來我把它改成一句飲食格言——「吃在刀口上」，就是除非遇到我非常

想吃、想得不得了的食物，才值得我去吃它，而且只吃以往分量的一半以下，不然我不會浪費額度去吃。這樣的頻率並不高，所以久久一次，並不影響我的健康。

另外，有些很難減醣的場合，像是旅遊、特殊的慶祝日等等，因為都是計畫中的日子，可以先更加嚴格控醣一段時間，等到那些日子到來，我就當成給自己的犒賞，放鬆幾天。說真的，以往天天吃飯沒有感覺，這樣的犒賞日，比方吃到日本料理中煮得極好的白米飯，因為太久沒吃飯，我反而才能嚐到簡中美味，眼淚都快流下來了！

★與減醣並行的好習慣

飲食減醣之外，要對身體更加有益，我覺得還有幾件事同樣重要，一是熱量控制，也就是如果每日攝取的熱量大於消耗，就算是低醣飲食還是會變胖；二是足夠的水分，喝足水的好處太多，一般可以喝到「體重×30cc」的量是最基本的，我自己懶得算，就每天喝水 2000cc；三是不要一直進食，讓身體有斷食休息的時間，目前很風行的 168 可以配合當然效果最好，但像我自己的作息很難執行 168，採用的是「14/10」的斷食方法，它同時也改善了我長年脹氣的困擾;四是運動很重要，運動消耗的熱量雖遠不及減少食物攝取來得快，但我覺得運動本來就不是拿來減重的，它是增加身體靈活度以及肌肉訓練很重要的一件事，在生活中千萬不能因為已經減醣瘦下來而忽略運動。

減醣心法，長遠的致勝關鍵

市面上減醣的書很多，很多會提供方法，但除了方法之外，我真的很強調「心法」，因為我相信大部分的人都討厭失敗還要重來的挫折。

我認為「了解自己」是非常重要的，包括自己的飲食習性、喜歡吃什麼、討厭吃什麼、不能沒有什麼、對挫折的容忍度、喜不喜歡找藉口等等。一旦要減醣，你就是自己的健康管理師，你必須認知到自己的身體是重要的，才能帶它一起面對很多困難。

★設定漸進式目標，不要把自己逼太緊

人在減重的時候，會有一種莫名的委屈感，因為你必須改變飲食內容，覺得自己「少掉」了什麼，記住這是人之常情，不是只有你有這種感覺。只不過這樣的委屈感，往往會放大我們的挫折，一怒之下就想大喊「老娘不減了」！然後前功盡棄，一切歸零，有夠可惜的！

漸進式的目標，只有你能為自己訂下，不要跟別人比，只要跟自己比。了解自己真的很重要，像我把目標訂在維持正常的血脂值，以及 26% 以下的體脂，還有 S 號的衣服，越前面的我越在乎，因為我想要有健康的身體，可以好好照顧孩子；至於 S 號的衣服，得之我幸，不得天也不會塌下來，我的工作與我的身形沒有太大關係，而且現在的我已經跟婚前一樣瘦了，鼓勵自己這樣就很不錯，別太貪心。

★時常鼓勵自己，正向看待週遭的聲音

減醣之後，你會聽到很多種不同的聲音，但大部分的人不清楚減醣的身體運作機制，也不清楚你的困擾，很多都是直接的反應，其實也很正常，不需要太過在意，只是要有心理準備。

很早以前我的第一次減醣，是從一天有一餐不吃澱粉開始，我還記得所到之處與我一起吃飯的工作夥伴、朋友都很驚訝；後來減醣飲食更加風行，我又更嚴格控醣，必須拒絕很多善意的餵食，最常聽到的是「不吃飯那要吃什麼？」、「一塊喜餅沒關係啦！」、「水果很好要多吃一點」……這些我都覺得還好，正向去看待的話，它同時也是解釋減醣飲食原理的機會，甚至有朋友因為這樣跟著我開始減醣。

但最令人動搖的，大概就是「你好可憐什麼都不能吃」這樣的聲音，或是全家只有你在減醣、全辦公室只有你在減醣，到最後感覺全世界只有你在減醣的孤單感。在這個時候，多多鼓勵自己吧！我會告訴自己，這個月我減了 3 公斤，掉了 2% 體脂肪，只有我知道我一點都不可憐，我要繼續下去。

日子久了，慢慢撐過去，這些聲音變得少，也不會再困擾你。當身邊的人習慣你對減醣的堅持，你晚到家，留給你的菜就是大量的蔬菜、健康的蛋白質；

餵食的同事或朋友，甜食、飲料自動跳過你，還會幫你跳出來跟不知情的人說，他不吃這個，這個對他身體不好；更甚者會有人來問你，你最近瘦好多，可以告訴我怎麼瘦的嗎？……這種感覺超棒的啊！

★告訴自己，能選擇的食物真的很多

　　非不得已必須外食，很多朋友會因為很難減醣而放棄。當需要外食的時候，其實花心思找找並不難，像是超商現在越來越多五花八門的沙拉，或是與營養師合作的輕食，都是不錯的選擇。台灣的小吃店林立，燙青菜、滷味、還有各式沒有加工製品的湯類，也是好選擇。再不然，自助餐可以自己選菜，或是買便當請老闆將飯減到你要的量，都是很好的辦法。

　　如果這樣還是覺得困難，那就自己動手做吧！這本書有六十六道料理，從早餐、主食到甜點都有，從頭看到尾，你就可以知道「好可憐什麼都不能吃」這樣的刻板印象完全錯誤！以此為料理原則，還可以再變出無數的減醣料理，可以吃的美食真的很多啊！

減醣高植料理的製作原則

1 蔬菜和植物性蛋白質是主角，而一般葷素居半的料理，則減少葷食分量、提高素食分量；一般以肉為主角的菜色，可根據適合的程度代換成植物性食材，比方三杯雞→三杯豆腐、三杯杏鮑菇；藥燉排骨→藥燉白蘿蔔。

2 減醣料理的調味料，最需避免的就是精緻糖。無論是烘焙或料理，我最喜歡用的代糖就是羅漢果糖，再來是赤藻糖醇，低 GI 的椰糖則是偶爾且少量使用。羅漢果糖和赤藻糖醇尤其在烘焙上是很好用的代換糖，現在因為生酮與低醣飲食的族群越來越多，網購和烘焙材料行都不難找到。

3 紅燈調味料比方高熱量的美乃滋、含糖量高的味醂、醬油膏，甚至是太白粉等等，其實不需要做到完全捨棄的地步。這些用料的不爆醣使用原則就是「少用」以及「少量」，因為各自在調理上有不同的功能，減低頻率以及用量，就不易造成健康的危害。

4 烘焙尤其是西點，會是減醣飲食中比較需要額外準備材料的部分，除了上述的代糖，杏仁粉（杏仁果去皮後研磨的細粉，有淡淡的米黃色，而非南杏、北杏的白色杏仁粉）、亞麻仁籽粉、椰子粉、小麥蛋白粉、豆渣粉等等，是我很常用到的材料。不過也因為使用者越來越多，這些材料在網路上都易於買到，不少烘焙材料行也有。

5 食譜裡面的材料分量，大家看到 1 大匙、1 小匙……指的都是標準量匙的分量，以下提供參考。
- 1 大匙 = 15cc
- 1 小匙 = 5cc
- 1/2 小匙 = 2.5cc
- 1/4 小匙 = 1.25cc

我的減醣高植餐桌—高比例蔬食減脂對策 目錄

66 道常備品・家常料理・早餐・涼拌・湯品・點心

省時省力常備品

01

廚房裡的常備品是各式料理的好幫手，
利用假日空出來的時間製作，
在週間備菜的時候就會更加省力！

日式昆布柴魚高湯

這款日式的高湯不同於中式高湯，不是靠長時間熬煮的湯頭。將食材浸泡一段時間之後再煮過，最後加入柴魚，清爽帶有海味的高湯就完成了！雖然製作上相當簡單，但忙碌的時候我還是會一次多做一些，將高湯放入冰塊盒冷凍保存，要用的時候取適量即可，非常方便！

【材料】

昆布⋯⋯1 小段
乾香菇⋯⋯3 朵
小魚干⋯⋯15 公克
柴魚⋯⋯1 把
水⋯⋯1000CC

【做法】

1 乾香菇、小魚干略清洗後，與昆布一起放入冷開水中浸泡。昆布不需要清洗，可以用清酒（或米酒）在表面擦拭過。

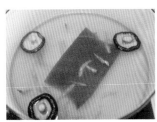

2 食材泡足 2 個小時以上，可以浸泡半天更好。夏天氣溫高，食材容易腐敗，浸泡的時候請務必冷藏。

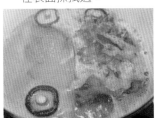

3 將浸泡好的高湯煮開，關火後放入柴魚，柴魚沉底後（約需 2 分鐘）即完成。

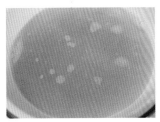

4 將食材瀝出後，便完成高湯製作。冷藏保存 3 天，或可放入冰塊盒冷凍保存。

一 鮮味粉

現代人煮菜因為健康考量很少加味精，偶爾想要在料理中加入一點鮮味，又不想太麻煩，自己做鮮味粉最方便了！使用食物處理機、研磨機都可以，為了易於保存，食材越乾越好，如果還是不放心而想要洗過，記得一定要將食材烤乾才能攪打。鮮味粉不限於這幾種材料，其他如蝦米、昆布也很適合，各種食材的分量可以依自己喜好調配。

【材料】

乾香菇……4 朵
小魚干……20 公克
柴魚……1 把

【做法】

1 乾香菇、小魚干及柴魚放入食物處理機。

2 用瞬打的方式慢慢打成粉末狀。

3 自製的鮮味粉放入茶葉袋中，就變成好用的高湯包。做好的鮮味粉及高湯包必須冷藏保存。

鹽麴蔥油醬

這個蔥油醬，是我最常用來處理過多青蔥的常備醬。有時蔥一大把買多了，隨著時間存放只會越來越不新鮮，趁著還新鮮的時候做成醬，不管是拿來炒菜、烘焙 (如蔥麵包、蔥油餅) 都很適合。不同於一般的蔥油醬，加了有自然甜味的鹽麴，以及喜愛的香料去增加蔥油的香氣，非常美味！

【材料】

青蔥……50 公克
鹽麴……1 小匙
植物油……50 公克
八角……2 顆
月桂葉……1 片
丁香……1 小匙
白胡椒粒……1 小匙

【做法】

1 蔥洗淨後切末。

2 加入鹽麴混拌均勻。

3 油倒入鍋中，小火加熱，
加入所有香料燒熱。

4 用小濾勺倒入 2 即完成。

5 以消毒烘乾過的玻璃瓶保
存，可冷藏兩週，如果一
般保存的話，最好在一週
內用完。

青醬

減醣的時候飲食中少掉醣分(糖分)，往往會忽略鈉含量的控制，要做到同時減鹽飲食的話，利用自然食材本身強烈的味道，就會覺得鹽只要放一點點也很美味！這款青醬的運用很廣，除了做義大利麵、燉飯，拿來炒菜或做成濃湯底也很適合。不過我的做法是沒有殺青，打成生醬，保存上無法放太久，最好立刻用完，用不完的話也可以放入冰塊格中冷凍保存，要用多少再取多少。

【材料】

九層塔 (去梗)……200 公克
蒜瓣……35 公克
無調味綜合堅果……80 公克
冷壓橄欖油……200 公克
帕梅善起司粉……30 公克

【做法】

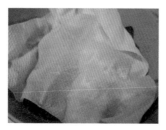

1 九層塔洗淨後去梗留葉，盡量瀝乾，也可用廚房紙巾吸去多餘水分。

2 綜合堅果放進烤箱以 160℃ 烤約 10 分鐘。

3 蒜頭洗淨後去皮，與綜合堅果、九層塔葉及起司粉放入調理器中。

4 加入橄欖油。

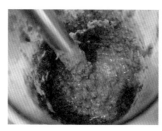

5 攪打成泥即完成。

油漬番茄乾

有時候小番茄一大盒吃不完，我就會把它烤成乾，再油漬起來。遇到不是那麼好吃的小番茄，在烤過之後釋出甜味，不只更加美味，油漬番茄同時是西式料理的好幫手，拿來烤蔬菜、烤根莖類、做麵包……用途很多！如果家裡沒有新鮮香料也無妨，橄欖油與番茄乾的比例也可依每個人不同的喜好調整。

【材料】

小番茄……1盒
檸檬百里香……數支
迷迭香……數支
玫瑰鹽……適量
現磨胡椒……少許
冷壓特級橄欖油……400ml

【做法】

1 小番茄洗淨後切半，在烤盤上舖上烘焙紙，將小番茄排列在上面，不要重疊，切面朝上，表面灑些許鹽。

2 以130°C溫度烤至少1小時，直到番茄的水分收乾。這是烤了2小時的狀態，但每台烤箱的火力不同，可調整烤到喜歡的乾度。

3 香料洗乾淨之後用廚房紙巾擦乾或晾乾，不能殘留水分。

4 把番茄乾和香料分兩等分，準備一個乾淨的玻璃罐，將一半的番茄乾放入，灑上一些現磨胡椒。

5 舖上一半的香料。

6 倒入蓋過食材的橄欖油。

7 再重覆前面舖小番茄→灑胡椒→放香料→倒油的順序，最後蓋上蓋子密封，冷藏存放。做完後盡快吃完，冷藏可保存約2週，如果一次吃不完，每次需用乾淨且乾燥的湯匙取出要用的分量，以免容易腐壞。

花椰菜米

花椰菜米真的是減醣族的模範食材,它可以做的變化很多,炒飯、煮粥……都少不了它。現在市售的花椰菜米很多,忙碌的時候的確很方便,但偶爾遇到花椰菜價格便宜的時候,我就會買回家一次處理起來,再分裝冷凍保存,要用的時候冰箱隨時都有。這個流動水洗蔬菜的方式是從譚敦慈老師學來的,如果買不到有機蔬菜,我就會用這樣的方式洗菜,準備一個超大的洗菜盆,一次把一天要用的菜洗起來,安心又不浪費水。

【材料】

花椰菜……數朵

【做法】

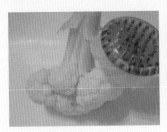

1 花椰菜先整朵泡一下水，再抓住根部來回晃動，把裡面的雜質或菜蟲大致趕出來。接著切小朵之後，拿洗臉刷刷洗縫隙，清乾淨雜質或菜蟲，每一朵刷完後都用水大力沖過。

2 全部再放到水龍頭底下，以流動水 (小水柱即可) 洗約 12 分鐘。

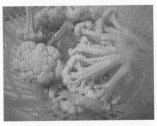

3 洗好後切成更小朵，根部也不浪費，硬皮去除後切小塊，再放入蔬菜脫水器甩掉多餘水分。

4 放入食物處理機，用瞬打的方式打到接近米粒的大小，但注意不要打過頭，免得變成花椰菜泥。

5 分一餐要用的分量，放入耐凍的保鮮盒或分袋真空，冷凍保存。

開啟一天能量的早餐

02

傳統早餐店無論是中式還是西式，幾乎都是減醣的地雷，
高油、高碳水、高鈉的「三高」之外，蔬菜量也很少。
減醣早餐是許多朋友自煮的障礙，
覺得上班趕時間，怎麼可能自己準備早餐？
這個單元中介紹的早餐，有不少都是可以利用空閒時間完成，
讓你平日忙碌的時候可以花很少的時間就備好；
也有需要花一點時間的早餐，很適合假日不慌不忙地為自己預備，
讓第一餐帶來豐富的療癒感！

全麥薑黃餅皮

這個餅皮的做法其實就是墨西哥捲餅皮，我另外加了一點能幫助身體抗發炎的薑黃粉，還能夠讓餅皮顏色更漂亮！吃不完的捲餅可以剪裁烘焙紙當兩張餅皮間的隔層，再用密封袋包好放入冷凍庫，要吃的時候不需要解凍，直接兩面煎軟就可以食用。

★分量：6
★總淨碳值：134.6 公克
★單分淨碳值：22.4 公克

【材料】

高筋麵粉……100 公克
全麥麵粉……100 公克
薑黃粉……2 公克
橄欖油……10 公克
溫水……120 公克

【做法】

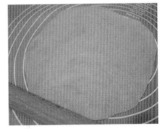

1 將所有的材料放入調理盆中，先用筷子拌成麵絮。

2 再揉成團，不需要揉到光滑。

3 將麵團平均切分成 6 小塊。

4 每一小塊麵團先揉圓再擀開，盡量擀薄，會更接近墨西哥餅皮的口感。

5 鍋中不必放油，以小火將兩面煎熟 (一面約 1-2 分鐘) 即完成。

優格黃瓜鮪魚捲餅

不知道為什麼,如果早餐我有吃到餅皮包東西這一類的手捲式早餐,就會有一種非常滿足的感覺,接下來的一天因為飽足感,也不致出現想吃太多的欲望。自己做的餅皮沒有添加物,包入醣分低的食材,就是很棒的早餐!如果沒有時間做餅皮,也可以使用市售的墨西哥餅皮,選擇全麥的最好,可以攝取到更多膳食纖維。

★分量：3
★總淨碳值：76.6 公克
★單分淨碳值：25.5 公克

【材料】

全麥薑黃餅皮……3 張
(全麥薑黃餅皮的做法請參
考第 31 頁)
生菜……50 公克
牛番茄……150 公克

〔優格黃瓜鮪魚醬〕
小黃瓜……30 公克
罐頭鮪魚……40 公克
迪戎芥末醬……8 公克
無糖優格……60 公克
黑胡椒……少許

【做法】

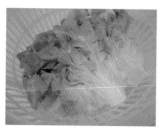

1 將生菜洗乾淨之後，用蔬菜脫水器瀝去多餘的水分，也可以瀝乾之後用廚房紙巾拭乾。牛番茄切片備用。

2 將〔優格黃瓜鮪魚醬〕中的所有材料拌勻。

3 全麥薑黃餅皮兩面煎軟之後，包入生菜、番茄片，並塗上優格黃瓜鮪魚醬，捲起即可食用。

全麥吐司

減醣之路我很鼓勵採漸進式，像這一款全麥吐司，對嚴格控醣的朋友來說，或許淨碳值高了點，但很適合想慢慢減醣，而且早餐無麵包不歡的朋友。它的做法很簡單，只要把材料全部放入麵包機就可以！我自己因為喜歡另外塑形，就只用麵包機揉麵及一次發酵的功能，沒時間的朋友，一鍵到底完成也沒問題喔！

★分量：10
★總淨碳值：188.2 公克
★單分淨碳值：18.8 公克

【材料】

水……150 公克
椰糖……20 公克
鹽……5 公克
奶粉……10 公克
椰子油……10 公克
高筋麵粉……125 公克
全麥麵粉……100 公克
雜糧粉……25 公克
酵母……6 公克

【做法】

1 將所有材料放入麵包機中，酵母不要與鹽放在一起，以免影響發酵。

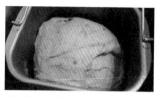

2 選擇「揉麵＋一次發酵的功能」，按下啟動鍵。

3 完成一次發酵後，取出至揉麵墊，排氣後塑成圓形。

4 蓋上發酵布，鬆弛 15 分鐘。

5 將麵團切分成三等分，滾圓後收口朝下。

6 放入吐司烤模中。

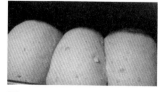

7 二次發酵可利用有發酵功能的烤箱，沒有的話天氣熱可以直接放室溫發酵，天氣冷則放入烤箱中，旁邊放一杯熱水幫助發酵。直到發酵約一倍大。

8 烤箱預熱之後，以上下火185°C烤約 40 分鐘。

9 出爐後脫模放在置涼架，要等完全冷卻才好切片。直接法製作的吐司，第二天之後的口感沒那麼好，最好冷凍保存以鎖住水分，烤的時候噴灑一些水，可讓口感更佳。

小麥蛋白餐包

在嚴格控醣的期間,這個小麥蛋白麵包是我早餐最常出現的選擇,它的醣分非常低,卻接近凡人版麵包的口感。有一些生酮或低醣的麵包做法,會用大量的泡打粉讓麵包體蓬鬆,我自己覺得不那麼健康,所以用酵母做了非常多次的實驗,後來發現這個配方的麵包是我最喜歡的一個!這個麵團不一定要做成餐包,也可以直接做成整條吐司,做成餐包的好處是可以夾入比較多自己喜歡的餡料,小小一顆也很好控制分量。

★分量：8
★總淨碳值：40 公克
★單分淨碳值：5 公克

【材料】

小麥蛋白⋯⋯70 公克
杏仁粉⋯⋯30 公克
椰子細粉⋯⋯30 公克
黃金亞麻仁籽粉⋯⋯100 公克
鹽⋯⋯3 公克
速發酵母⋯⋯5 公克
椰子油⋯⋯30 公克
蛋⋯⋯100 公克
水⋯⋯120-130 公克

【做法】

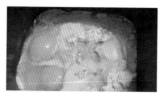

1 將所有材料放入麵包機中，酵母不要與鹽放在一起，以免影響發酵。

2 選擇「揉麵＋一次發酵的功能」，按下啟動鍵。

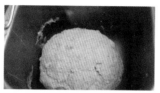

3 不同於一般麵粉做成的麵團，這個麵團容易出現不規則的塊狀，如果麵包機揉麵過後還是不規則，可以取出用手塑形一下再完成一次發酵。

4 將麵團取出至揉麵墊，平均切分 8 等分。

5 每一等分再揉成圓形，之後進行二次發酵，可利用有發酵功能的烤箱，沒有的話天氣熱可以直接放室溫發酵，天氣冷則放入烤箱中，旁邊放一杯熱水幫助發酵。直到發酵約一倍大。

6 烤箱預熱之後，以上下火 160℃烤約 30 分鐘。

7 出爐後放在置涼架，沒吃完的餐包以冷凍保存，烤的時候噴灑一些水，可讓口感更佳。

玻璃罐沙拉

這個玻璃罐沙拉非常適合忙碌的族群,只要前一天做好放冰箱,第二天打開就可以吃!有些朋友不喜歡沙拉類的早餐,覺得冰冰的對腸胃不好,但像這樣易攜帶的沙拉罐,利用通勤時間退冰,到公司吃剛剛好。生菜沒有被煮過,還保有豐富的酵素,而一罐裡面該有的營養都有了,真的很方便!煩惱雞胸肉總是煮太老的話,可以試試這種泡鹽水的方法,煮出來的雞肉非常軟嫩多汁!

【做法】

1 先來處理雞胸肉：300 公克的雞胸肉，泡 5% 的鹽水放冰箱半天，然後準備一鍋水，水滾後放入煮 5 分鐘，熄火之後蓋上鍋蓋再燜 20 分鐘。

2 稍微冷卻之後再剝成粗絲。

3 蘋果削去外皮之後，泡在鹽水中延緩氧化，再切成薄片；小番茄切一半。

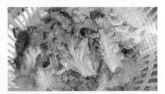

4 生菜洗淨之後放入蔬菜脫水器，甩掉多餘水分。

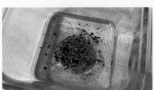

5 將〔油醋醬〕中的材料全部混勻，醋可任意選擇自己喜愛的口味，不一定要用蘋果醋。

6 玻璃罐沙拉做好後通常會冰起來，第二天才吃，所以最下層要放不易被醬汁泡軟的食材。準備好玻璃罐之後，先倒入油醋醬，再放入雞絲與水果。

7 再將苜蓿芽與生菜放在上層，密封好之後冷藏，吃之前再搖晃瓶身，讓油醋醬可以均勻沾裹每樣食材。

★分量：1
★總淨碳值：8 公克
★單分淨碳值：8 公克

【材料】

雞絲……50 公克
小番茄……70 公克
蘋果……25 公克
苜蓿芽……25 公克
生菜……20 公克

〔油醋醬〕
橄欖油……1 大匙
無糖蘋果醋……1 大匙
鹽……1 小撮
黑胡椒粗粒……1 小撮

彩蔬烘蛋

烘蛋很適合假日不趕時間的時候悠閒製作，它的淨碳值很低，可以隨意放進自己喜歡的蔬菜。平常做好放冰箱的油漬番茄乾，此時便派上用場，不同於單純用橄欖油製作，烘蛋多了番茄乾釋出的甜味，只要以一點點鹽來調味就很好吃！製作烘蛋最好用有深度的小平底鍋，我使用的是直徑只有 14 公分的迷你鍋，做成一人分剛剛好，大家可以依照家裡鍋子的大小增加食譜的分量，再切分成一人分即可。

★分量：1
★總淨碳值：6.8 公克
★單分淨碳值：6.8 公克

【材料】

青花菜……20 公克
甜椒……20 公克
蘑菇……30 公克
蛋……2 個
油漬番茄乾的油……1 大匙
油漬番茄乾的小番茄……4 顆
(油漬番茄乾做法請參考第 25 頁)
鹽……1/4 小匙
黑胡椒粗粒……1/4 小匙

【做法】

1 青花菜、甜椒和蘑菇洗淨之後，切小塊備用。

2 蛋打散備用。

3 準備一支有深度的小平底鍋，倒入油漬小番茄的油。

4 油熱後放入 1 炒至食材熟軟，加入調味料之後再拌炒均勻。

5 倒入蛋汁，以小火烘約 4 分鐘，等待底部凝結，呈現金黃色。

6 翻面後再烘 2 分鐘。可以筷子插入中心，如果沒有流動的蛋汁表示已熟透。

無澱粉漢堡

現在很流行的無麵包漢堡，速食店有販售，自己在家做也很簡單！以生菜取代漢堡麵包，又不想吃肉的話，像這樣包入豆腐排，蛋白質夠量，用照燒來調味，也不致整個漢堡太過清淡。豆腐排的製作上，一定要用板豆腐，好煎不易碎！照燒豆腐本身很適合當成正餐的一道菜，帶便當也很適合，學起來用途很廣。

★分量：2
★總淨碳值：6.9 公克
★單分淨碳值：3.5 公克

【材料】

板豆腐……1 盒 (約 300 公克)
牛番茄……100 公克
生菜……50 公克
白芝麻……少許

〔照燒醬汁〕
無糖醬油……2 大匙
米酒……2 大匙
赤藻糖醇……2 大匙

【做法】

1 生菜洗淨用蔬菜脫水器甩掉多餘水分，或用廚房紙巾擦乾；牛番茄切圓片。

2 板豆腐橫切一半再縱切一半，用廚房紙巾擦乾。

3 鍋中放 1 大匙油，油熱後將板豆腐兩面煎至上色。

4 照燒醬汁混勻之後倒入，慢慢收汁，豆腐一面收汁上色後再翻面，讓它均勻上色。

5 最後灑上白芝麻。

6 把生菜當成漢堡外皮，包入番茄片、照燒豆腐排即完成。

一疊疊飯糰

減醣的米飯選擇，我最喜歡多穀飯或糙米飯，它們的膳食纖維多，所以淨碳值比一般白米飯低。如果正餐煮的飯剩下一點點，我就會做成這樣的早餐，利用一張海苔包入營養豐富的食材，飯量也只要一點點，不必擔心爆醣！假日外出野餐的時候，這樣的飯糰也是好選擇，用保鮮膜包覆好，便於攜帶，配上自製的無糖冰飲，很滿足呢！

★分量：1
★總淨碳值：20.1 公克
★單分淨碳值：20.1 公克

【材料】

壽司海苔……1 張
多穀飯……50 公克
蘑菇……50 公克
牛番茄……1 片
蛋……1 個
芝麻葉……2 片
苜蓿芽……30
素鬆……1 小匙
鹽……少許

【做法】

1 蘑菇沖洗一下切片；牛番茄洗淨後切片；芝麻葉和苜蓿芽洗淨後用廚房紙巾拭乾。

2 平底鍋中同時炒蘑菇、煎牛番茄和荷包蛋，三種食材煮熟後加一點鹽調味。

3 海苔張開後，對齊中間直線，從下方剪到中心處。

4 左下方先舖上多穀飯（如果加熱或剛煮熟，可以冷卻到溫溫的再包）。

5 荷包蛋放在左上方，右上方先舖上蘑菇和番茄片，再舖上芝麻葉；右下方則舖上苜蓿芽、灑上素鬆。

6 從左下方開始往上疊→往右疊→再往下疊。

7 以保鮮膜將整個飯團收緊包好，定型後再從中間切開食用。

綠拿鐵

綠拿鐵是減醣早餐很好的飲料選擇，有時候如果太忙來不及吃早餐，或是不得已一整天必須外食，蔬菜的攝取不夠，一杯綠拿鐵就是很方便的營養補充品！減醣版的綠拿鐵可以掌握「蔬菜一定是主角」、「水果只要一點點」、「水分選擇無糖的」這些原則，基本上並不限於什麼食材。至於油脂和蛋白質，像沒有特殊味道的油、堅果類、毛豆、豆腐等都是很好的選擇。

★分量：2
★總淨碳值：13.8 公克
★單分淨碳值：6.9 公克

【材料】

羽衣甘藍……30 公克
萵苣……30 公克
苜蓿芽……20 公克
蘋果……30 公克
柳橙……25 公克
無調味堅果……20 公克
無糖杏仁奶……400 公克

【做法】

1 綠拿鐵的生菜類因為要生食，最好選擇有機蔬菜，洗淨後備用。

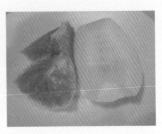

2 蘋果和柳橙去皮後切塊。

3 堅果選擇自己喜愛的，最好為無調味。

4 將食材全部倒入果汁機或調理機。

5 倒入無糖杏仁奶，打到細緻的狀態即完成。

千張鷹嘴豆泥蛋餅

鷹嘴豆泥是減醣早餐的好夥伴，它的做法非常簡單，做好的豆泥可以單吃、可以放在捲餅中，也可以當成麵包的抹醬。市售的罐頭鷹嘴豆沒有什麼添加物，省去生的鷹嘴豆從浸泡到煮熟的耗時處理。傳統的鷹嘴豆泥會放中東芝麻醬 Tahini，但不易取得，我就用一般的無糖白芝麻醬，做出來的豆泥會更加濃厚。

★分量：1
★總淨碳值：6.6 公克
★單分淨碳值：6.6 公克

〔鷹嘴豆泥〕
★分量：6
★總淨碳值：25.9 公克
★單分淨碳值：4.3 公克

【材料】

千張……2 張
蛋……1 個
苜蓿芽……30 公克
小黃瓜……20 公克
鷹嘴豆泥……1/6 分

〔鷹嘴豆泥材料〕
罐頭鷹嘴豆 (帶一點汁)
……270 公克
無糖白芝麻醬……20 公克
橄欖油……30 公克
鹽……1 小匙
匈牙利紅椒粉……1 小匙
黑胡椒粗粒……1 小匙
檸檬汁……5 公克

【做法】

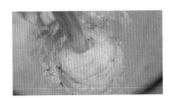 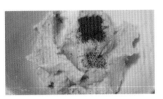

1 先製作鷹嘴豆泥：將熟鷹嘴豆、白芝麻醬和橄欖油放進調理機中打至揉滑均勻。

2 加入鹽、紅椒粉、黑胡椒粗粒及檸檬汁拌勻。取出再調味是為了邊試吃，調到想要的味道；如果要更加簡便，也可以將調味料放入 1 中一次打勻。

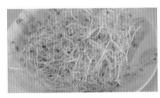 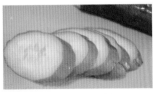

3 苜蓿芽洗淨瀝乾。

4 小黃瓜洗淨後切片。

 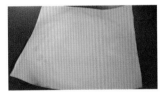

5 平底鍋中加適量油，油熱後倒入打散的蛋液。

6 蓋上千張豆皮。

7 蛋熟後翻面再煎 30 秒，熄火後鋪上苜蓿芽、小黃瓜片及鷹嘴豆泥，捲起即完成。

家常料理涼拌篇

03

涼拌料理不只適合夏天，
拌一拌就上桌的料理不但方便，
無油煙和低熱量的通性，也是忙碌減醣族的好幫手！
加上有不少可以變身為冰箱常備冷菜，
也能減少在廚房揮汗下廚的辛苦！

松柏長青

這道冬天很常出現在我家餐桌的涼拌大白菜，有一個很美的名字叫「松柏長青」，在中式餐廳的菜單中也很常見。冬天是大白菜盛產的季節，做這道涼拌菜尤其好吃，酸酸辣辣的非常開胃！一般松柏長青只會取白菜心做，但連白菜葉一起做，操作上比較簡便。不過白菜拌入醬汁後會慢慢變軟，最好要吃之前再拌進醬汁，然後以最快的速度吃完，才能享用到白菜脆脆的口感！

★分量：4
★總淨碳值：24 公克
★單分淨碳值：6 公克

【材料】

大白菜……300 公克
五香豆干……200 公克
辣椒……10 公克
香菜……20 公克
去殼去皮花生……30 公克

〔調味料〕

壽司醋 (或其他不過酸的
醋)……3 大匙
烏醋……2 小匙
香油……2 大匙
羅漢果糖或赤藻糖醇……
1 大匙
鹽……1 小匙

【做法】

1 白菜洗淨後稍微瀝乾一些，再切成細絲。

2 香菜取葉，辣椒剖開去籽後切成絲。

3 若是買到非即食的五香豆干，可放入電鍋外鍋放半杯水蒸過後放涼再切成絲。

4 準備好調理盆，先將白菜絲倒入，再放入所有的調味料，混拌均勻。

5 加入豆干、香菜、辣椒絲及花生拌勻即完成。

韓式涼拌黃豆芽

黃豆芽是很適合減醣的蔬菜，它的膳食纖維高，所以淨碳值是 0，熱量低，價格也很親民。
這道涼拌的做法很簡單，不用開火，利用電鍋就可以完成！家裡的孩子不敢吃辣，我總是會
一次做多一點，在拌入調味料的時候先不放韓式辣椒粉，拌好後取一半出來，剩下的一半
再拌入辣椒粉，這樣就可以一次完成大人與小孩不同的口味。涼拌好的黃豆芽很適合做為冷
菜，放在冰箱保存，要吃的時候隨時取出，非常方便！

★分量：3
★總淨碳值：12.2 公克
★單分淨碳值：4.1 公克

【材料】

有機黃豆芽……180 公克
蒜末……10 公克
鹽……1/2 小匙
韓式辣椒粉……1 小匙
韓式芝麻油……1 大匙

【做法】

1 黃豆芽洗淨之後略微瀝
乾，放入電鍋中以外鍋1.5
杯水蒸熟。

2 蒜洗淨去皮後處理成蒜
末。

3 將所有的調味料放入蒸好
的黃豆芽，拌勻讓它入味
片刻即可食用。

醋拌黑木耳

黑木耳熱量低、富含多醣體,膳食纖維超豐富,是減醣飲食中的模範食材!這道醋拌黑木耳的味道微酸辣,是夏天食欲不振時很棒的開胃菜。如果使用小的黑木耳,可以吸附更多的調味醬汁,完成後不要馬上吃,冰鎮個至少半天再開動,會更加入味!

★分量：3
★總淨碳值：8 公克
★單分淨碳值：2.7 公克

【材料】

黑木耳 (新鮮或發泡後重量)……300 公克
薑……10 公克
辣椒……10 公克

〔調味料〕
烏醋……2 大匙
無糖醬油……2 小匙
羅漢果糖或赤藻糖醇……1 小匙
香油……1 小匙

【做法】

1 黑木耳用新鮮或乾燥的都可以，如果使用乾燥的，先放入水中泡開。

2 準備一鍋水，水滾後放入木耳燙約 1-2 分鐘至熟。

3 起鍋後泡冰開水，讓木耳的口感更脆。

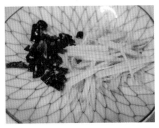

4 薑去皮後切絲；辣椒切末。

5 將〔調味料〕全部混合均勻。

6 木耳撈起後連同薑末和辣椒末放入調理盆，再倒入調味料拌勻即完成。

涼拌干絲

在小吃店很常見到的涼拌干絲，自己在家裡做一點都不難！豆干絲避免選擇過於白皙、添加物過多的，其他的搭配蔬菜也很自由，我自己最常放的就是芹菜與紅蘿蔔，而且量不要太少，這樣一道菜中就同時有均衡足夠的蔬菜及植物性蛋白質。這道小菜最棒的是適合熱食，冰過之後不用覆熱，直接變成冷菜。調味上簡單就很美味，我喜歡用日本芝麻油帶出它的風味，用一般的香油也可以喔！

★分量：3
★總淨碳值：7.9 公克
★單分淨碳值：2.6 公克

【材料】

豆干絲……200 公克
芹菜……80 公克
紅蘿蔔……30 公克

〔調味料〕
鹽……1 小匙
日本芝麻油……1 大匙
白胡椒粉……少許

【做法】

1 芹菜洗淨後摘去芹菜葉，切成小段之後再略微拍鬆。

2 紅蘿蔔去皮後切絲。

3 準備一鍋水，放入少許鹽，煮滾後先放入芹菜，汆燙一下即可撈起。

4 同一鍋水下紅蘿蔔絲，視粗細程度煮至熟軟，撈起備用。

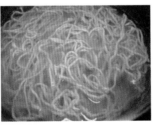

5 接著再放入豆干絲（如太長可在下鍋前剪短），煮約 5 分鐘至豆干絲呈現軟嫩口感。

6 調理盆加入煮好的所有食材，再加入調味料拌勻即完成。

椒麻杏鮑菇絲

杏鮑菇是可以做很多變化的食材，煎、煮、炒、炸都很好吃。它的口感紮實，能增加飽足感，有著豐富的膳食纖維及多醣體，連蛋白質都高，也有「素食界的肉」之稱。這道椒麻杏鮑菇，是夏天很棒的開胃菜！杏鮑菇的處理上，用手撕的會比切的來得入味，冰鎮過後會更美味！

★分量：5
★總淨碳值：29.1 公克
★單分淨碳值：5.8 公克

【材料】

杏鮑菇……400 公克
蒜末……10 公克
香菜……1 把
辣椒……10 公克

〔醬汁〕
無糖醬油……2 大匙
魚露……1 大匙
羅漢果糖或赤藻糖醇……
1 大匙
烏醋……1 大匙
花椒粉……1 小匙

【做法】

1 蒜頭去皮後切成蒜末；辣椒切末；香菜切碎。

2 杏鮑菇稍微沖淨之後，用手撕成長條狀。

3 準備一鍋水，水滾後放入杏鮑菇絲，煮至完全熟軟，起鍋瀝乾備用。

4 調理碗中放入蒜末，將〔醬汁〕倒入混勻。

5 杏鮑菇絲加入辣椒、香菜及 4，拌勻即完成。

日式醋拌透抽小黃瓜

日本的「醋物」是每次吃日本料理時一定會有的開胃前菜，冰冰的吃最美味！很常在餐廳吃到章魚的版本，但章魚不是那麼好買，用透抽一樣好吃！看起來簡單的醋拌菜，也有一點小訣竅：透抽不要煮過老、洋蔥逆紋切會更脆（順紋切則是軟，適合燉煮）、海帶芽不要泡太久以免口感過於軟爛，還有小黃瓜先加一點鹽讓它出水，除了不要讓它有太多水分，影響味道，也可以殺青，除掉生澀味。

★分量：2
★總淨碳值：8.8 公克
★單分淨碳值：4.4 公克

【材料】

小黃瓜……200 公克
紫洋蔥……50 公克
透抽……50 公克
海帶芽……3 公克
鹽……少許
米酒……1 小匙

〔涼拌調味料〕
米醋……2 大匙
羅漢果糖或赤藻糖醇……
1 大匙
鹽……1/4 小匙

【做法】

1 小黃瓜切片後，以少許的鹽抓拌均勻，放置約 30 分鐘出水，接著用冷開水沖洗掉鹽分，瀝乾備用。

2 紫洋蔥剝去外皮後，先切一半，再逆紋切絲，接著泡冰水，讓口感更脆。

3 海帶芽以冷水泡開，再擠乾水分備用。

4 透抽去除內臟後切厚圈狀，準備一鍋滾水，倒入米酒，再放入透抽，燙熟立刻起鍋泡冰水，讓肉質更有彈性。

5 調理盆中放入處理好的小黃瓜、海帶芽及透抽，再加入混勻的〔涼拌調味料〕，拌勻即完成。

蔥油醋醬拌四色蔬

鹽麴蔥油醬除了可以拿來拌菜、炒菜之外,做成蔥油醋醬也很適合!這道很像溫沙拉的少油煙料理,裡面有滿滿的蔬菜,豆皮以少許油煎的方式,可以帶出它的香味,比水煮來得好吃!蔥油醋醬也可以隨自己喜好做變化,不一定要用米醋,使用米醋調出來的醬汁,有一種溫潤的口感,配上食材本身的熱度,是一道在冬天吃也適合的拌菜!

★分量：3
★總淨碳值：19.8 公克
★單分淨碳值：6.6 公克

【材料】

甜椒……100 公克
玉米筍……100 公克
小黃瓜……100
豆皮……85 公克
鴻喜菇……70 公克
鹽……少許

〔蔥油醋醬〕
鹽麴蔥油醬……30 公克
(鹽麴蔥油醬做法請參考第
21 頁)
米醋……2 小匙
羅漢果糖或赤藻糖醇……1
小匙

【做法】

1 甜椒、玉米筍及小黃瓜洗淨後，切成小塊。

2 鴻喜菇洗淨後切除根部，用手剝散。

3 豆皮切成易入口的大小。

4 準備一鍋水，加入一點鹽，水滾後先放入玉米筍和鴻喜菇煮熟，撈出瀝乾。

5 再加入其他的蔬菜，燙熟即可撈出瀝乾。

6 平底鍋中加適量油，油熱後放入豆皮，兩面煎至金黃色即可。

7 將〔蔥油醋醬〕所有的材料混勻，拌入食材中即完成。

義式油醋拌菇

義大利料理常用到的巴薩米克醋 (Balsamic Vinegar)，每次去餐廳吃不管是沙拉佐醬用，或是麵包沾醬用，都覺得非常美味。用這樣的醋來調出有義式風味的油醋醬，拿來拌菇類超好吃！菇的水分很多，用乾煎的方法讓它慢慢熟，水分會釋出，不用額外加油或水。每一種品牌的巴薩米克醋酸度都不同，如果覺得太酸的話，油醋醬也可以加一點蜂蜜去中和。

★分量：4
★總淨碳值：27.8 公克
★單分淨碳值：7 公克

【材料】

杏鮑菇……200 公克
鮮香菇……100 公克
美白菇……150 公克
鴻喜菇……150 公克
巴西里……少許

【調味料】
巴薩米克醋……2 大匙
冷壓橄欖油……3 大匙
鹽……1 小匙

【做法】

1 菇略沖淨後切或撕成易入口的大小。

2 鍋乾燒微熱後放入所有的菇，蓋上鍋蓋，等菇的水分釋出後稍微拌炒至熟，取出備用。

3 所有的調味料混合後再拌入煎熟的菇，混拌均勻即完成。可灑上一點巴西里點綴。

日式豆腐泥拌菠菜

想要低熱量加低醣的蛋白質，豆腐永遠是好選擇！這道日式料理中很常見的豆腐拌蔬菜，我使用熱量及醣分都很低的菠菜。在減醣飲食中，偶爾會想要用一些不那麼低醣分的醬料，正好可以使用在醣分相對低的食材，美味又不爆醣。豆腐因為不經過烹煮，在選購的時候注意必須為可生食的，如果不是那種打開可以直接吃的豆腐，可以汆燙過再使用。

★分量：3
★總淨碳值：11.2 公克
★單分淨碳值：3.7 公克

【材料】

可生食豆腐……200 公克
菠菜……250 公克
白芝麻……10 公克

〔醬料〕
日式醬油……1 大匙
日式胡麻醬……2 大匙
日式芝麻油 (或香油)……
1 小匙

【做法】

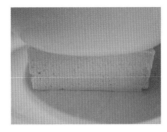

1 找一個盤子，將豆腐放上去，再於豆腐上面壓重物，約半小時就會釋出不少水分，再將水分倒掉。

2 利用豆腐釋出水分的時間，將菠菜洗淨後切段。

3 菠菜放入加少許鹽的滾水中燙熟，取出放涼。

4 放涼的菠菜盡量擠出多餘水分。

5 將豆腐用叉子背部壓碎。

6 將豆腐泥、菠菜、白芝麻和醬料拌勻即完成。

涼拌牛蒡絲

每次去吃日本料理的時候幾乎都會吃到這種涼拌牛蒡絲，牛蒡的好處很多，包括纖維豐富，
有益腸道，但有個壞處就是非常容易氧化，在料理的過程中一不小心就變黑了！利用檸檬水
或醋水，將削好的牛蒡絲直接投入，就能延緩氧化，顏色更漂亮！如果家裡有長輩或孩子，
想要更軟的口感，就必須延長烹煮的時間

★分量：4
★總淨碳值：35.8 公克
★單分淨碳值：9 公克

【材料】

牛蒡……200 公克

〔調味料〕
無糖醬油……1 大匙
味醂……2 小匙
香油……1 小匙
黑芝麻……10 公克

【做法】

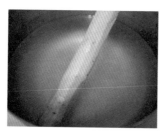

1 準備一鍋水，加入一些檸檬汁或白醋，牛蒡削去外皮後，先泡過檸檬水延緩氧化。

2 接下來用削絲的削皮器將牛蒡削成細絲，直接讓它掉入檸檬或醋水中。

3 準備一鍋水，水滾之後將牛蒡瀝乾，放入煮約 15 分鐘。

4 將煮好的牛蒡絲撈出瀝乾，再拌入所有的調味料，攪拌均勻即完成。

家常料理熱食篇

04

減醣已經少吃澱粉了，菜色再沒有變化，真的會有一種委屈感。
熱食篇帶你掌握蔬食比例高的料理變化，
不只中式料理，
還有異國料理，
讓減醣的每一餐都能享受美食！

豆豉炒苦瓜

苦瓜是熱量和醣分都很低的好食材，涼拌、熱炒或煮湯都很適合。我很喜歡料理青皮苦瓜，它的顏色漂亮，只是苦的程度比較高。曾經在電視上看到師傅在炒豆豉苦瓜的時候，為了香氣和回甘，多了八角和龍眼肉兩種祕密武器，果然好吃度破表！從此成了我料理青苦瓜時最常使用的方法，讓簡單的苦瓜料理多了更多層次！

★分量：3
★總淨碳值：12.1 公克
★單分淨碳值：4 公克

【材料】

青皮苦瓜……300 公克
八角……2 粒
蒜頭……10 公克
辣椒……10 公克
乾豆豉……10 公克
米酒……1 大匙
龍眼肉……10 公克

【調味料】
醬油……2 小匙

【做法】

1 豆豉用米酒浸泡，龍眼肉以 120cc 的熱水泡開來。

2 蒜頭切片，辣椒切斜片。

3 苦瓜剖半後用湯匙去除苦瓜籽與白膜。

4 剖半後的苦瓜各切成平均的四等分，再縱切成長條。

5 鍋中放適量的油熱後，先加入八角和蒜頭炒香，再加入苦瓜拌炒約 2 分鐘。

6 接著加入豆豉和辣椒，泡豆豉的米酒也一起放下去，拌炒一下。

7 加入 2 小匙的醬油，拌炒均勻，最後加入龍眼及泡龍眼的熱水下去翻炒一下，轉小火蓋鍋燜 5 分鐘即完成。

法式燉菜

這道法式燉菜，是當冰箱剩了耐燉煮的蔬菜時，很好解決剩食的辦法。多種蔬菜在燉煮的時候，不同的味道交融，再以番茄泥慢慢煮到軟，不知道為什麼就是很好吃！這道燉菜除了單吃，也可以佐以低醣的吐司或花椰菜飯，一口就吃得到不同顏色的蔬菜，營養密度很高！

★分量：6
★總淨碳值：58 公克
★單分淨碳值：9.7 公克

【材料】

洋蔥……100 公克
牛番茄……150 公克
黃椒……150 公克
紅椒……150 公克
黃櫛瓜……150 公克
綠櫛瓜……150 公克
橄欖油……2 大匙
月桂葉……2 片
百里香……1 小束
番茄泥……400 公克
鹽……1/2 小匙
黑胡椒粗粒……少許

【做法】

1 所有的蔬菜切成差不多的大小，洋蔥去皮後切小片；黃椒及紅椒去籽及白膜後同樣切小片。

2 牛番茄去蒂頭，與兩種櫛瓜一樣切小塊。

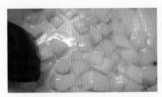

3 燉鍋中放入 2 大匙的橄欖油，油熱後先放入洋蔥炒香。

4 接著放入牛番茄炒一下，再放入甜椒翻炒。

5 最後下櫛瓜翻拌一下，再放入月桂葉和百里香。

6 番茄泥留一點不要倒入，用小火燉煮，蓋上鍋蓋可留一點縫隙，中間需開蓋翻拌一下檢查水分；水分少了之後，用一點冷開水沖入剩下的番茄泥避免浪費，再倒入鍋中，燉煮至喜歡的食材熟軟度。

7 最後加鹽及黑胡椒調味。蓋上鍋蓋，利用半天時間靜置，食材融合後會更好吃。

蠔油西生菜

蠔油西生菜在港式料理中是非常家常的一道菜，減醣吃生菜的機會多，有時萵苣買太多吃不完，又不想只是燙青菜這麼乏味，做成這樣的料理剛剛好！萵苣的處理千萬不要燙太軟，要保持脆口的口感，記得下鍋後立刻撈上來；另外，在汆燙的滾水中加入一點醋，也可以延緩氧化，讓萵苣不會黑黑的上桌！

★分量：4
★總淨碳值：19.7 公克
★單分淨碳值：4.9 公克

【材料】

萵苣……150 公克
蒜頭……10 公克
鮮香菇 (大) ……100 公克
日式昆布柴魚高湯……150cc
(日式昆布柴魚高湯做法請
參考第 17 頁)
蠔油……1&1/2 大匙
太白粉……1&1/2 大匙
水……2 大匙
香油……少許

【做法】

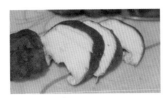

1 香菇最好選擇大且厚的品種，用斜刀切片，吃起來較有厚實口感；蒜頭切末。

2 萵苣切成易入口大小，滾水中加一些醋 (減緩氧化變黑)，汆燙至還保留脆口的程度後，瀝出放涼並鋪於盤底。

3 鍋中放 2 大匙油，油熱後炒香蒜末，再放入香菇拌炒一下。

4 放入高湯，蓋鍋煮至香菇熟，再加入蠔油拌勻。

5 將 1 大匙太白粉兌 3 大匙水調成芡汁，慢慢倒入勾芡，如已經夠濃稠就不必倒完。

6 熄火後可依個人喜好滴少許香油。

7 倒入鋪好萵苣的盤中即完成。

十香菜

這道以往過年我才會做的十香菜（如意菜），在減醣之後成為我一年四季都會做的素菜。它的營養密度很高，十種不同的素菜搭配起來，不用做過多的調味就能呈現鮮甜的美味！雖然做起來有點費工，但不妨利用假日有空的時間，一次多做一點，冷藏起來當成常備冷菜，要吃隨時都有！

★分量：10
★總淨碳值：66.4 公克
★單分淨碳值：6.6 公克

【材料】

紅蘿蔔……150 公克
黃豆芽……100 公克
乾香菇……15 公克
杏鮑菇……200 公克
芹菜……150 公克
木耳……100 公克
金針乾……10 公克
五香豆干……200 公克
真空綠竹筍……300 公克
罐頭條瓜 (帶一點汁)……
60 公克
鹽……1 小匙

【做法】

1 乾香菇洗淨後泡 4 小時以上，可泡過夜，撈出切絲。金針沖洗一下之後泡軟，約 30 分鐘，再撈出去蒂頭。

2 黃豆芽洗淨後先燙熟；真空綠竹筍用滾水燙過之後撈出放涼，切絲。

3 紅蘿蔔去皮、芹菜去除葉子，與杏鮑菇、芹菜、木耳、五香豆干及醬瓜皆切絲。

4 鍋中加適量油熱鍋，依照蔬菜熟軟的難易度陸續下鍋拌炒，紅蘿蔔最先放入，翻炒一下到半熟，再放入香菇翻炒一下，然後是生的蔬菜及半熟的黃豆芽，要不斷翻炒。

5 最後才加入已經熟的如筍絲、醬瓜及豆干。加入泡香菇的水燜一下，最後加鹽調味即可起鍋。

甜椒燒肉捲

肉類的碳水化合物雖然低，但油脂攝取太多相對對健康無益。想吃點肉又不想太口吃肉傷身體，用肉片來包裹蔬菜最適合！以梅花火鍋肉片包裹甜椒，肉香中充滿蔬菜的甘甜，一點都不油膩。傳統照燒醬汁的比例為醬油、米酒、味醂等量，將醣分高的味醂以代糖取代，吃起來更加無負擔！

★分量：3
★總淨碳值：11.4 公克
★單分淨碳值：3.8 公克

【材料】

豬梅花肉火鍋肉片……
200 公克
紅甜椒……100 公克
黃甜椒……100 公克
白芝麻……5 公克

【調味料】
醬油……1 大匙
米酒……1 大匙
羅漢果糖或赤藻糖醇……
1 大匙

【做法】

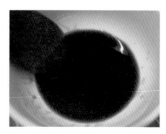

1 先將調味料全部混合均勻，即成低醣的照燒醬汁。

2 甜椒切絲後，將肉片攤開，中間放置甜椒絲，捲起並略微捲緊，收口在下方。

3 鍋中熱油後，將肉捲收口朝下放入，一面煎熟後再翻面煎。

4 煎約 9 分熟後，倒入照燒醬汁，讓每個肉捲均勻裹住醬汁。

5 收汁至濃稠即可；食用前灑上適量白芝麻。

桔醬豆腐

客家桔醬是我很愛的醬料，酸味十足，很常看到白切肉如白斬雞、肉片，會佐上這樣的醬料解膩。但桔醬不只能搭配肉類，想要吃得更健康、低熱量，利用桔醬來燴豆腐，酸與鹹的味道徹底被豆腐吸收，吃起來清爽開胃！不過不同品牌的桔醬酸度皆不同，可視情況調整羅漢果糖的用量。煎豆腐最好選擇較紮實的板豆腐，新手可使用不沾鍋，一面煎好再小心翻面，不要一直翻動，就能煎出漂亮的豆腐了！

★分量：3
★總淨碳值：10.5 公克
★單分淨碳值：3.5 公克

【材料】

板豆腐……300 公克
蒜頭……10 公克
辣椒……5 公克
蔥……10 公克
客家桔醬……20 公克
水……100cc
無糖醬油……1 小匙
羅漢果糖或赤藻糖醇……
1 大匙

【做法】

1 蒜頭、辣椒切末；青蔥切蔥花；板豆腐切厚片，再用廚房紙巾吸一下表面的水分，避免油煎的時候噴濺。

2 鍋中下適量油，豆腐放入待底下那一面煎熟呈現金黃色，再小心翻面，兩面都煎熟後取出備用。

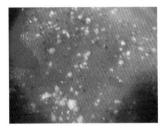

3 利用鍋中的餘油爆香蒜末及辣椒末。

4 倒入桔醬、水、醬油及羅漢果糖拌煮。

5 再輕放入豆腐，讓醬汁覆蓋每塊豆腐，可在一面上色後輕輕翻面。

6 待收汁完成後灑上蔥花，即可起鍋。

蒼蠅頭

春天韭菜盛產的時候，不管是炒來吃，還是做成韭菜盒子都很美味！這道蒼蠅頭，通常會將韭菜和等量的豬絞肉一起炒，但要減少油脂的攝取，可以使用一點豬絞肉增香即可。蒼蠅頭要炒得帶有脆脆的口感，韭菜千萬不能炒過頭，免得太軟，下鍋後火力不要太小，翻炒幾下斷生即可起鍋。

★分量：2
★總淨碳值：5.6 公克
★單分淨碳值：2.8 公克

【材料】

韭菜……160 公克
蒜頭……15 公克
辣椒……5 公克
乾豆豉……10 公克
豬絞肉……50 公克

〔調味料〕
米酒……1 大匙
無糖醬油……1 小匙
羅漢果糖……1 小匙

【做法】

1 韭菜洗淨後切短。

2 辣椒和蒜頭切末。

3 炒鍋中加一點油，油熱後先爆香蒜末、辣椒末。

4 接著加入豆豉炒出香味。

5 再放入絞肉炒散、炒熟，並下所有的調味料翻炒均勻。

6 最後下韭菜丁，翻炒幾下斷生即可起鍋。

白菜燉豆腐

冬天白菜盛產，用來做這道白菜燉豆腐最適合！白菜在慢慢燉煮後釋出甜味，利用孔洞較多的板豆腐，吸入更多甜味，儘管食材簡單，卻也是相當受歡迎的年菜。食材的天然原味相當清甜，不需要太繁雜的調味；如果不放蒜末，吃全素的朋友也可以享用！

★分量：4
★總淨碳值：25 公克
★單分淨碳值：6.3 公克

【材料】

白菜……300 公克
板豆腐……300 公克
紅蘿蔔……15 公克
乾香菇……10 公克
蒜頭……10 公克

〔調味料〕
素蠔油……1 大匙
無糖醬油……1 大匙
白胡椒粉……1/4 小匙

【做法】

1 白菜洗淨後切段；板豆腐切成厚片。

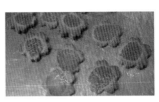

2 紅蘿蔔去皮之後切片壓出花朵形狀(壓花可省略)。

3 乾香菇泡水 4 小時之後，瀝出切絲，香菇水保留。

4 鍋中放少許油，油熱後先將豆腐兩面煎至金黃色，取出備用。

5 同一鍋炒乾香菇及蒜末，接著下白菜翻炒一下。

6 放入煎好的豆腐，再倒入食材一半高度的水分(香菇水不夠的話用一般開水補)及所有調味料，拌勻後蓋鍋燉煮。

7 紅蘿蔔切薄易熟，待白菜煮軟之後再下鍋，繼續煮至紅蘿蔔熟透。

薑燒豆皮金針菇捲

這道帶有日式風味的豆皮金針菇捲，是我很常做的便當菜，家裡如果剛好有韓國芝麻葉或是紫蘇，包進去可以增加特別的香味，如果手邊沒有，不放也沒關係。不管是豆皮還是金針菇，都是醣分及熱量低的食材，但包入的食材變化也很多，像是杏鮑菇切絲、四季豆、甜椒等等，都很適合。這道豆皮捲同時是全素料理，也適合素食的朋友！

★分量：5
★總淨碳值：17.8 公克
★單分淨碳值：3.6 公克

【材料】

金針菇……200 公克
豆皮……300 公克
芝麻葉……10 片
熟白芝麻……5 公克
薑泥……1 大匙

〔調味料〕
醬油……2 大匙
米酒……2 大匙
羅漢果糖或赤藻糖醇……
2 大匙
水……2 大匙

【做法】

1 金針菇洗淨後切除根部，平均分成 10 小束；芝麻葉縱切成 2 半。

2 將豆皮切成與芝麻葉差不多寬度後攤開，先鋪上芝麻葉，再放上一束金針菇。

3 捲的時候要用一點力，不要讓食材鬆掉，但也不要捲過緊，捲好後於尾端插入牙籤固定住。

4 薑磨成泥。

5 〔調味料〕的所有材料混勻備用。

6 鍋中放適量油，油熱後將豆皮金針菇捲下鍋煎熟。

7 倒入薑泥及混勻的〔調味料〕，讓醬料慢慢收汁，可翻動豆皮捲，讓每一面都沾裹到醬汁，完成後起鍋，灑上白芝麻點綴。

鮮炒四蔬

這道鮮炒四蔬是我婆婆的拿手料理，裡面有好幾種蔬菜，配上海鮮的鮮味，一盤料理就有多種顏色的食材與營養，非常好吃！減醣料理中，我自己特別喜歡同時有大量蔬菜和足夠蛋白質的菜，有時工作很忙，一盤的營養就夠，不用備很多料理。海鮮的飽和脂肪酸低，熱量也低，我個人認為是優於大部分肉類的蛋白質選擇，如果不想吃肉，又想攝取到蛋白質，只要不過量，海鮮是搭配蔬菜很好用的食材！

★分量：3
★總淨碳值：12 公克
★單分淨碳值：4 公克

【材料】

黑木耳……100 公克
豌豆莢……50 公克
茭白筍……170 公克
紅蘿蔔……20 公克
蝦仁……50 公克
透抽……50 公克
蒜頭……10 公克
鹽……1/2 小匙

【做法】

1 茭白筍洗淨後，先剝除外殼，再用削皮刀輕削除去第一層硬皮，並切除根部過硬的一小段。

2 蒜頭切末；茭白筍、木耳切小片；豆莢撕除兩邊的粗纖維；紅蘿蔔去皮之後切片壓出花朵形狀（壓花可省略）。

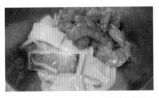

3 蝦仁去腸泥；透抽清乾淨內臟後切小段。

4 鍋中加適量油，油熱後先炒熟蝦仁及透抽，取出備用。

5 接著下蒜末炒香，再放入所有的蔬菜翻炒。

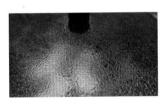

6 加一點水之後，蓋鍋燜熟。

7 最後加鹽拌勻即完成。

一盤就能飽的主食

05

有時候真的忙得不得了，沒有時間準備幾菜一湯，
或是那一餐並不那麼餓，想來點輕食，
該怎麼料理呢？
一盤就能飽的減醣主食，且蔬食多多，準備起來一點都不困難。
不同風格的料理，讓這樣的主食充滿變化，
就算是簡單吃也很享受！

皮蛋瘦肉粥

清爽可口的皮蛋瘦肉粥是許多人喜歡的主食，這道港式的粥品之所以好吃，就是將米飯熬煮到看不到米形。我試過全部以花椰菜米去取代白飯，效果差了點，就像在喝蔬菜濃湯，但沒想到放入一些白飯去煮，真的以假亂真，連口感都很棒！一鍋到底的簡便煮法，利用剩飯就可以製作。

★分量：2
★總淨碳值：29.1 公克
★單分淨碳值：14.6 公克

【材料】

皮蛋……1 個
絞肉……50 公克
白飯……50 公克
高麗菜……50 公克
花椰菜米……100 公克
蛋……1 個
日式昆布柴魚高湯……300cc
(日式昆布柴魚高湯做法請參
考第 17 頁)
芹菜丁……10 公克

〔調味料〕
鹽……1/4 小匙
白胡椒粉……少許

【做法】

1 鍋中加少許油，油熱後放入絞肉炒散。

2 皮蛋去殼整個放入，用鍋鏟直接搗碎。

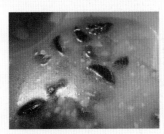

3 倒入高湯。

4 加入白飯、切碎的高麗菜和花椰菜米，以小火燉煮，必須邊煮邊攪拌，以免黏鍋。

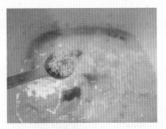

5 待粥煮到口感軟爛時，將蛋打散，熄火後慢慢倒入蛋液，邊倒邊攪拌，形成蛋花，最後再以鹽和白胡椒粉調味，並灑上芹菜丁。

千張餛飩湯

醣分與熱量都低的千張(薄乾豆皮),是近年來的健康飲食寵兒,除了是減醣族的最愛,它的口感佳,可以做的運用也很多。有時候肉餡剩下了,也可以用千張包一包拿去氣炸,就變成好吃的肉捲!用千張做成餛飩,一次多做一些,冷凍保存,想喝餛飩湯的時候隨時下鍋,快速又簡便!

★分量：2
★總淨碳值：16.5 公克
★單分淨碳值：8.3 公克

【材料】

絞肉……350 公克
蔥末……10 公克
千張 (正方型)……5 張

〔肉餡調味料〕
無糖醬油……1 大匙
米酒……1 大匙
白胡椒粉……1/4 小匙
五香粉……1/4 小匙
羅漢果糖或赤藻糖醇……
1/2 小匙
太白粉……1/2 小匙
香油……1 小匙

〔湯底〕
日式昆布柴魚高湯……
1 公升
(日式昆布柴魚高湯做法請
參考第 17 頁)
青菜……100 公克
白胡椒……少許
紅蔥酥……5 公克
香油……少許

【做法】

1 絞肉放入調理盆中，先加入米酒和醬油，順時針攪拌讓水分慢慢吸收進去，直到肉餡變得有黏性。

2 接著加入白胡椒粉、五香粉及羅漢果糖拌勻，再加入太白粉拌勻，增加黏稠度，最後加入香油拌勻。

 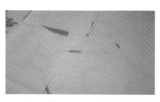

3 蔥末這時加入 (先加會出水) 拌勻，接著放冷藏讓它更加定型，等下比較好包。

4 大張的方型千張切成 4 小片正方形。

5 取出冷藏好的肉餡，取一張千張放在手心，中央處放入適量肉餡 (約 15-18 公克)，接著用虎口處輕輕壓緊。肉餡與千張的接縫處會自己黏起來，如果有太多沒黏起來的，再稍微按壓一下褶處。

6 將高湯煮滾，放入千張煮至肉餡變色即熟透。

7 加入喜愛的青菜如小白菜、大陸妹等等，青菜煮熟之後熄火，加入紅蔥酥及香油。

蒜香櫛瓜義麵

櫛瓜是很適合拿來煎、烤料理的食材，它的熱量低、口感好，淨碳值非常低，是許多養生族愛用的食材！以前櫛瓜只能仰賴進口，價格不斐，現在台灣也有種植，變得易於取得。這道「偽義麵」使用綠櫛瓜或黃櫛瓜都可以，綠櫛瓜的淨碳值較低，顏色也很漂亮！烹調上必須注意在放入櫛瓜之後，炒個幾下讓櫛瓜斷生即可，千萬不要炒太久，以免出水軟化，就沒有麵條蓬鬆的口感了！

★分量：1
★總淨碳值：8.6 公克
★單分淨碳值：8.6 公克

【材料】

草蝦……6 尾
蘑菇……100 公克
櫛瓜……300 公克
蒜頭……15 公克

〔調味料〕
鹽……1/4 小匙
黑胡椒粗粒……少許

【做法】

1 蒜頭去皮後切片；蝦子開背後，去除腸泥。

2 蘑菇略沖洗一下，切片備用。

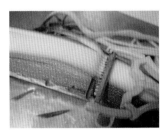

3 櫛瓜洗淨後，切除頭尾，以削絲刀削成如麵條般的長條狀。

4 鍋中放入適量橄欖油，油熱後放入蒜片炒香。

5 接著放入蝦子與蘑菇，用煎的方式煎熟，再下所有的調味料，拌炒均勻。

6 放入櫛瓜麵拌炒，拌至櫛瓜麵斷生程度即完成。

青醬燉飯

減醣總有很難割捨的高碳水食物，對我來說燉飯就是其中之一。這個口感跟真正的燉飯很像，我加了一點米型義大利麵在裡面，是我試過很多「偽燉飯」的版本中，最成功的祕密武器！碳水化合物少少的燉飯，裡面有很多蔬食，調味上相當濃郁，一盤就很滿足，同時也很飽足！

★分量：2
★總淨碳值：33.2 公克
★單分淨碳值：16.6 公克

【材料】

洋蔥……30 公克
杏鮑菇……50 公克
無糖杏仁奶……50cc
米型義大利麵……30 公克
花椰菜米……100 公克
青醬……50 公克
(青醬做法請參考第 23 頁)
熟松子……30 公克
鹽……1/4 小匙
黑胡椒粗粒……少許

【做法】

1 洋蔥切末；杏鮑菇切成小丁。

2 準備一鍋滾水，裡面加少許鹽和橄欖油，水滾後放入米型義大利麵，按照包裝上指示的烹煮時間，再少1分鐘，煮好盛出備用。

3 鍋中放適量的橄欖油，油熱後放入洋蔥末炒至微微透明。

4 接著加入花椰菜米(若使用冷凍花椰菜米，不需解凍)翻炒，再加入杏鮑菇丁翻炒。

5 加入杏仁奶、青醬及米型義大利麵，邊煮邊攪拌，直到收汁，呈現燉飯的感覺。

6 最後加鹽及黑胡椒調味，熄火後灑入松子。

五辛素滷肉飯

這道沒有肉的滷肉飯，比傳統的滷肉飯熱量低，且淨碳值低很多。它利用杏鮑菇的紮實，以及油豆腐的軟嫩，組合成接近肥、瘦肉的口感！很多朋友減醣的時候，會很懷念滷肉飯，但只要嚐過這個減醣版本的滷肉飯，就會發現其實最愛的是滷汁，並不是肉本身，所以只要滷汁的味道不變，只是改掉食材，還是很好吃的！

★分量：4（不含米飯）
★總淨碳值：22.5 公克
★單分淨碳值：5.6 公克

【材料】

杏鮑菇……200 公克
油豆腐……200 公克
蒜頭……15 公克

〔調味料〕
無糖醬油……2 大匙
羅漢果糖……1 大匙
水……50 公克
八角……2 顆
黑胡椒……1/8 小匙
白胡椒……1/8 小匙

〔芡汁〕
太白粉……1/2 小匙
水……1 小匙

【做法】

1 蒜頭去皮後以刀或攪碎器切成末；杏鮑菇切小丁；油豆腐切小塊。

2 鍋中加入適量的油，油熱後先炒香蒜末，接著加入杏鮑菇丁翻炒。

3 再加入油豆腐丁翻拌一下（油豆腐易碎，翻拌的時候要小心）。

4 加入〔調味料〕中的所有材料，翻拌一下。

5 調合〔芡汁〕，煮到食材都熟、上色之後，倒入勾芡即完成。

6 滷肉配的飯，我使用市售的「蒟蒻糙米」，一包淨碳值是 12 公克，微波後即可食。可依照個人喜好使用醣分低的米飯。

泡菜蒟蒻麵

有時候會很想吃有點重口味的韓式料理，但大部分不是熱量高，就是醣分高。這道泡菜寬粉過去是我家餐桌很常出現的料理，但一般的寬粉是以綠豆澱粉製成，淨碳值高得嚇人，用低卡、低醣的蒟蒻麵來取代，口感接近，非常好吃！市售的泡菜酸度、鹹度都不同，大家可以依照不同的泡菜味道，調整醬油和羅漢果糖的分量。

★分量：1
★總淨碳值：14.6 公克
★單分淨碳值：14.6 公克

【材料】

洋蔥……30 公克
高麗菜……100 公克
豬梅花火鍋肉片……70 公克
泡菜……70 公克
蒜頭……10 公克
青蔥……20 公克
蒟蒻麵……150 公克
米酒……1 小匙
無糖醬油……1 小匙
羅漢果糖或赤藻糖醇……
1 小匙
水……100cc

【做法】

1 蒜頭去皮後切末；洋蔥洗淨後去皮切絲；高麗菜洗淨後切碎；蔥洗淨後切段。

2 買到的泡菜如果很大片，切碎一點再使用。

3 一般的火鍋肉片有點大，可一片平均切三等分。

4 鍋中放入適量的油，油熱後先炒香蒜末及洋蔥，推到一邊。

5 鍋子空出來的部分放入肉片，兩面煎上色之後下米酒，再混合蒜末及洋蔥炒至八分熟。

6 放入泡菜及高麗菜拌炒均勻，再倒入醬油、羅漢果糖及水，翻拌一下。

7 放入蒟蒻麵，蓋上鍋蓋燜煮一下，直到蒟蒻麵受熱均勻，用筷子拌開，最後放入蔥段翻炒一下即完成。

韓式拌飯

想吃到微辣、蔬菜多，又有飽足感的韓式料理時，我就會做這道韓式拌飯。它需要處理的材料不少，看起來有點費工，但一次做出來的量就有 6 人分，一家人的一餐也就解決了。這道也是很適合家人正常飲食，但自己減醣飲食的一條龍做法，只要底下舖的米飯不同，同時能滿足一樣的飲食族群。

★分量：6（不含米飯）
★總淨碳值：41.9 公克
★單分淨碳值：7 公克

【材料】

黃豆芽……180 公克
紅蘿蔔……100 公克
櫛瓜……200 公克
鮮香菇……150 公克
蒜頭……20 公克
蛋……3 個
鹽（總量）……約 1 小匙
韓式芝麻油（總量）……約
2 大匙
牛肉絲……200 公克
泡菜……100 公克
韓式海苔酥……10 公克

〔牛肉調味醬〕
韓式辣醬……30 公克
米酒……1 小匙
羅漢果糖或赤藻糖醇……
1 小匙

〔太白粉水〕
太白粉……1 小匙
水……2 大匙

【做法】

1 蒜切末；鮮香菇切片；紅蘿蔔削皮之後，和櫛瓜一起切成絲。

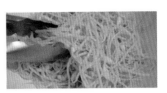

2 黃豆芽洗淨後，放入滾水中煮熟，撈起瀝乾之後加鹽和韓式芝麻油拌勻。

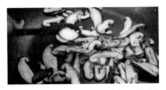

3 炒鍋中加入適量油，油熱後放入蒜末炒香，再炒熟香菇，接著加一點鹽和韓式芝麻油調味，盛起備用。

4 不用洗鍋，接著加入適量油，油熱後放入蒜末炒香，再炒熟櫛瓜，但不要炒到櫛瓜大量出水，炒到還有脆脆的口感就可以，此時加一點鹽和韓式芝麻油調味，盛起備用。

5 不用洗鍋，接著加入適量油，油熱後放入蒜末炒香，炒熟紅蘿蔔，再加一點鹽和韓式芝麻油調味，盛起備用。

6 蛋 3 顆打散之後，再加入調勻的太白粉水（太白粉加水調勻）拌勻，接著平底鍋平均刷上油或用廚房紙巾將油抹勻，鍋熱後倒入蛋液，煎成蛋皮，取出放涼再切成絲。

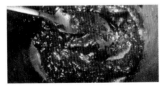

7 將〔牛肉調味醬〕的材料全部混勻備用。

8 炒鍋中加入適量油，油熱後放入蒜末炒香，再放入牛肉絲炒熟，加入牛肉調味醬拌勻，炒至收汁盛起備用。

9 再另外準備現成的海苔酥、泡菜，將米飯盛在碗中，舖上所有的食材即可。我使用市售的「蒟蒻糙米」，一包淨碳值是 12 公克，微波後即可食。可依照個人喜好使用醣分低的米飯。

鮭魚炒花椰菜飯

花椰菜炒飯應該是我最常做的減醣主食，它的變化很多，只要平常炒飯會放的材料，像是高麗菜、紅蘿蔔、菇類、蝦仁、肉絲等等，冰箱剩了什麼都可以拿來炒。要做出很乾鬆的口感，冷凍的花椰菜米不需要解凍，直接放入鍋中炒，且像炒飯一樣，火力不能太小，大概中火的程度，不斷翻拌，直到花椰菜米的水分收乾，才能呈現像炒飯般的口感。

★分量：1
★總淨碳值：17.1 公克
★單分淨碳值：17.1 公克

【材料】

鮭魚……50 公克
冷凍青豆……50 公克
蛋……2 個
青蔥……10 公克
花椰菜米……300 公克
鹽……1/4 小匙
黑胡椒……少許

【做法】

1 青蔥洗淨後切末；青豆燙熟後備用；蛋打散備用。

2 鮭魚可用油煎、氣炸或烤箱烤熟，再用叉子背面挑出魚肉碎。

3 炒鍋中放入適量的油，油熱後倒入蛋液，在略微凝結之後開始炒散，約九分熟後取出。

4 同一鍋中再放少許油，油熱後放入花椰菜米，炒到花椰菜米的水分收乾，呈現炒飯的狀態。

5 加入鮭魚碎、青豆及蛋拌炒一下，並加入調味料拌勻。

6 起鍋前灑上青蔥，再翻拌一下即完成。

青花菜馬鈴薯沙拉

減醣的時候偶爾會很想念日式馬鈴薯沙拉的味道，但小小一碗就爆醣啊！後來就做出以青花菜為主角的版本，美味不輸原版本。減醣的少量澱粉選擇，天然食材絕對優於加工食品，馬鈴薯就是很棒的澱粉，只要量算好，醣分就不會過高。這首沙拉的靈魂醬料就是美乃滋，但它是屬於低醣卻高熱量的醬料，所以特別加入無糖優格去調和，味道更加清爽，也有剛剛好的濃郁滋味！

★分量：2
★總淨碳值：34.5 公克
★單分淨碳值：17.3 公克

【材料】

青花菜……250 公克
馬鈴薯……150 公克
草蝦……12 尾
蛋……2 公克
甜橙肉……50 公克
鹽……1/8 小匙
黑胡椒……少許

〔醬料〕
美乃滋……30 公克
無糖優格……50 公克
羅漢果糖或赤藻糖醇……10
公克

【做法】

1 青花菜洗淨後去掉粗硬的外皮，再切小塊；馬鈴薯去皮後切小塊，先泡水延緩氧化。

2 草蝦去殼後，抽除腸泥，再切粗丁；蛋煮熟備用。

3 準備一鍋水，加入少許鹽，水滾後先放入青花菜燙熟，取出備用。

4 接著放入馬鈴薯塊，煮約10 分鐘，直到馬鈴薯塊熟透，取出備用。

5 最後放入蝦仁丁，顏色轉紅之後再燙約 20 秒，取出備用。

6 甜橙去皮後取肉出來，瀝去多餘的果汁。這裡不一定要使用甜橙，可放入喜愛的水果，如蘋果（每100 公克淨碳值 12.6 公克）也很適合。

7 所有的食材放入調理盆中，加鹽及黑胡椒拌勻，再倒入混勻的醬料拌勻即完成，完成後必須冷藏保存。

豆皮 Pizza

以前還沒減醣的時候，很喜歡薄皮的 Pizza，後來用日式豆皮當成麵皮，發現豆皮在烤過或氣炸過後，呈現水分收乾，微脆的口感，接近薄皮 Pizza，真是太幸福了！這道是蛋奶素的 Pizza，舖料可以隨自己的喜好變化。豆皮上塗抹的是市售番茄義大利麵醬，省去自己調味，比較方便，也可以用純番茄泥，再依喜好加一點鹽及義式香料即可。

★分量：1
★總淨碳值：11.6 公克
★單分淨碳值：11.6 公克

【材料】

冷凍青豆……30 公克
黃椒……30 公克
紅椒……30 公克
蘑菇……30 公克
油揚 (日式豆皮)……100 公克
起司絲……50 公克
番茄義大利麵醬……30 公克

【做法】

1 冷凍青豆燙熟備用。

2 甜椒切丁備用。

3 蘑菇切片備用。

4 豆皮直接攤開放在舖了烘焙紙的烤盤上，平均塗上番茄義大利麵醬。

5 先舖上一層起司絲。

6 再平均舖上所有的食材。

7 最後舖上一層起司絲，放入烤箱以 180℃ 烤 15-20 分鐘起司融化上色即可。也可使用氣炸烤箱，約 170℃氣炸 10 分鐘。

有飽足感又能暖胃的湯品

06

很想來碗湯，卻擔心餐後的湯一喝下去，熱量和醣分都過量了？
不管是清湯還是濃湯，湯品總是能為正餐劃下完美的句點，
其實只要算好每一種湯的淨碳值，並計畫好可食用分量，
甚至改變一下習慣，把湯放在進食的第一順位，
先增加飽足感，減少後面的正餐分量，
養生或減重根本不需要拒湯於千里之外！

蘑菇濃湯

這道我自己非常喜歡的蘑菇濃湯，充滿濃郁的蕈菇香氣，如果水分不要加太多，也很適合成為燉飯的基底。一般製作濃湯都會炒麵粉，為了減低醣分，可利用鮮奶油去調和。提醒一下鮮奶油的選擇，最好選擇天然的「動物性鮮奶油」，植物性鮮奶油並非從鮮乳萃取，而是植物油氫化製成，添加物多。最後加入的松露醬可省略，但加入一點畫龍點睛，美味瞬間升級！

★分量：2
★總淨碳值：16.6 公克
★單分淨碳值：8.3 公克

【材料】

奶油……15 公克
橄欖油……15 公克
洋蔥……50 公克
蘑菇……400 公克
蒜頭……10 公克
鹽……1 小匙
黑胡椒粗粒……少許
動物性鮮奶油……200 公克
水……150cc
松露醬……1 小匙

【做法】

1 蒜頭去皮後切成蒜末；洋蔥洗淨後去皮切絲；蘑菇略沖洗一下切片。

2 鍋中倒入少許的橄欖油與奶油（如果只放奶油容易炒焦），加入蒜末炒香。

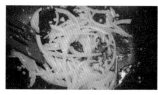

3 接著加入洋蔥炒到顏色呈現透明。

4 再加入蘑菇翻炒一下，倒入水後燜煮至蘑菇熟透。

5 加鹽、黑胡椒調味，再加入鮮奶油拌勻，不需煮滾即可熄火。

6 倒入調理杯或果汁機中打勻。

7 倒回鍋中，以小火煮至微滾，最後加松露醬增香。

義式鱸魚蔬菜湯

這道是很多人喜歡的瘦身湯品，如果不加鱸魚，就會是純素的番茄蔬菜湯。很奇妙的，這些蔬菜加起來的味道特別清甜，配上番茄湯頭的微酸，真的非常好喝！蔬菜只要耐煮的都可以，有時不想加動物性蛋白質，也可以加一點鷹嘴豆，豐富的食材讓人一碗就飽足！

★分量：6
★總淨碳值：46.8 公克
★單分淨碳值：7.8 公克

【材料】

鱸魚排……200 公克
白花椰菜……200 公克
紅蘿蔔……50 公克
洋蔥……150 公克
牛番茄……100 公克
杏鮑菇……100 公克
蒜頭……10 公克
月桂葉……2 片
番茄泥……200 公克
水……1500cc

【做法】

1 蒜頭去皮切末；花椰菜洗淨後切小朵。

2 洋蔥去皮後切半月形片；紅蘿蔔去皮，和杏鮑菇皆切滾刀塊；番茄去蒂頭後切半月形塊。

3 鱸魚排切片備用。

4 鍋中加適量的橄欖油，油熱後先加入蒜末及洋蔥炒香，接著加入其他所有的蔬菜及月桂葉，翻炒一下。

5 倒入 1500cc 的水及番茄泥，拌勻之後蓋上鍋蓋煮滾。

6 待食材都煮到熟軟後，放入鱸魚片，鱸魚片很快就熟，不用煮太久，熟了即熄火。

7 最後加鹽調味即完成。

菇菇雞片湯

這道菇菇雞片湯是非常清爽的中式湯品，其中雞肉片要處理得軟嫩不乾柴，也決定了它的美味程度。雞肉在切的時候盡量切薄，抓醃的材料中有米酒，去腥同時增加水分，也有一點點的太白粉，讓它下鍋之後可保滑嫩的口感。下鍋之後一熟就要熄火，雞肉才不會煮太久而讓肉質過老。

★分量：4
★總淨碳值：22.6 公克
★單分淨碳值：5.7 公克

【材料】

紅蘿蔔……50 公克
乾香菇……10 公克
薑片……10 公克
杏鮑菇……130 公克
鴻喜菇……70 公克
雞胸肉……100 公克
日式昆布柴魚高湯 (含泡香
菇的水)……1200cc
(日式昆布柴魚高湯做法請
參考第 17 頁)
鹽……1/2 小匙
香油……1 小匙

〔醃雞胸肉材料〕
米酒……1 小匙
鹽……1/4 小匙
太白粉……1/2 小匙

【做法】

1 乾香菇洗淨後泡 4 小時以上，可泡過夜，泡軟後取出，香菇水留著備用。

2 紅蘿蔔去皮後切片；鴻喜菇切除根部後剝散；杏鮑菇切塊。

3 雞胸肉斜刀切片，再加入〔醃雞胸肉材料〕所有的材料，抓拌一下，醃至少 15 分鐘。

4 湯鍋中放入日式昆布柴魚高湯 (含泡香菇的水)，以及香菇、薑片，煮至香味出現，再放入紅蘿蔔片。

5 煮滾後再放入杏鮑菇與鴻喜菇。

6 待菇類熟軟之後，將雞肉片一片、一片放入。

7 雞肉片很快熟，轉白之後再煮 30 秒即可熄火，以鹽調味，再加入香油。

一番茄南瓜濃湯

這道濃湯的做法相當簡單，只要利用電鍋把食材蒸熟，再用攪拌棒或果汁機打成泥就可以煮成湯，趁時間又能攝取到豐富的胡蘿蔔素，而且食材自然的甜味與微酸交融，是一道大人和小孩都難以抗拒的美味濃湯！減醣時的少量澱粉來源，天然食材是最好的，厭煩了水煮南瓜，做成濃湯真的很好喝！

★分量：8
★總淨碳值：83.7 公克
★單分淨碳值：10.5 公克

【材料】

南瓜……400 公克
牛番茄……200 公克
洋蔥……100 公克
鮮奶……200cc

〔調味料〕
鹽……1/4 小匙
黑胡椒粗粒……1/2 小匙

【做法】

1 南瓜和番茄洗淨後，南瓜切大塊，番茄可不用切，直接放入電鍋內鍋，外鍋放 1.5 杯水蒸熟。

2 洋蔥切丁後在鍋中放 1 大匙油，炒到有點軟後取出。

3 在鍋中放入蒸熟後去皮的南瓜、番茄以及炒好的洋蔥丁，用攪拌棒打成泥，也可用果汁機或食物處理機。

4 將打好的材料放進湯鍋，以小火一邊攪拌煮至邊緣微滾時倒入牛奶。

5 再度微滾即可熄火，加調味料拌勻。

五色四神湯

在藥膳湯品中，四神湯是對脾胃有益，又能去身體溼氣的好湯，尤其它喝起來很清爽，小孩也會喜歡。不過一般市售的四神湯米酒放得多，調味也太鹹，我自己很喜歡這個純素版本，加入熱量低的多種蔬菜，用電鍋煮就可以輕鬆完成！四神湯裡頭的藥材皆可食，醣分卻不低，不過一小碗就非常飽足，偶爾來一小碗補一下身體也很不錯！

★分量：2
★總淨碳值：16.5 公克
★單分淨碳值：8.3 公克

【材料】

玉米筍……100 公克
高麗菜……200 公克
紅蘿蔔……70 公克
鮮香菇……50 公克
四神藥材……1 包 (約 90
公克)
水……1500cc
鹽……1 小匙

【做法】

1 玉米筍洗淨後斜切小段；
紅蘿蔔洗淨去皮後切滾刀
塊。

2 高麗菜洗淨後切片；鮮香
菇洗淨後去蒂，頂部切出
十字痕 (可省略)。

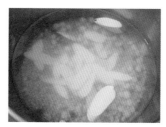

3 四神藥材已沖乾淨之後，
和水一起倒入電鍋內鍋。
外鍋倒入 2 米杯的水量，
按下電鍋開關，開關跳起
後悶 10 分鐘。

4 再將所有的食材放入，以
外鍋 1 米杯的水量煮熟。

5 加鹽調味即完成。

韓式豬肉大醬湯

大醬是韓國的豆醬，最常見的就是用來煮湯。比起味噌，大醬的醣分更低，味道也很濃醇，
加上它可以搭配的食材很多，海鮮、肉類、耐煮的蔬菜等等，有時候很想喝個濃郁微辣，能
夠溫暖身體的湯，就可以利用冰箱剩食做成大醬湯。這道湯可以依照食材易熟度來決定放入
的順序，選擇將部分食材先炒過，則可以增加香氣！

★分量：6
★總淨碳值：46.2 公克
★單分淨碳值：7.7 公克

【材料】

洋蔥……100 公克
櫛瓜……200 公克
馬鈴薯……100 公克
梅花肉片……150 公克
青蔥……20 公克
日式昆布柴魚高湯……1200cc
(日式昆布柴魚高湯做法請
參考第 17 頁)
韓式芝麻油……1 大匙

〔調味料〕
韓式大醬……40 公克
韓式辣醬……10 公克
韓式辣椒粉……2 公克
米酒……10 公克

【做法】

1 馬鈴薯去皮後切小塊，先泡水延緩氧化。

2 洋蔥去皮後切片；櫛瓜切厚片；青蔥洗淨後切段；梅花肉片切小片。

3 〔調味料〕中所有的材料混合拌勻。

4 湯鍋中放入少許油，油熱後先炒香豬肉，再放入洋蔥翻炒，接著加入混勻的調味料拌炒一下。

5 倒入昆布柴魚高湯以及馬鈴薯，湯滾後煮約 5 分鐘。

6 放入櫛瓜後，煮至櫛瓜熟，再放入青蔥煮約 30 秒即可熄火。

7 最後加入韓式芝麻油。

冬瓜海帶芽蛋花湯

冬瓜是熱量低、醣分也低的瓜類，它有消暑、改善水腫的功效，是在夏天吃非常有益健康的蔬菜！這道冬瓜湯喝起來非常清爽，在製作蛋花時，一定要在熄火後才加入，讓蛋花不致於口感過老。注入蛋液的時候慢一點，同時讓湯呈現漩渦般旋轉，就可以做出不結塊的細緻蛋花！

★分量：4
★總淨碳值：14.1 公克
★單分淨碳值：3.5 公克

【材料】

冬瓜……200 公克
薑……5 公克
海帶芽……5 公克
蛋……2 個
日式昆布柴魚高湯……1500cc
(日式昆布柴魚高湯做法請參
考第 17 頁)
鹽……1/2 小匙

【做法】

1 冬瓜切除外皮後，去芯切
片；薑切成絲。

2 蛋打散後備用。

3 鍋中放入高湯及薑絲，開
火煮滾。

4 煮滾後放入冬瓜，再滾後
轉小火煮 10-15 分鐘，視
喜歡的冬瓜熟軟度決定時
間。

5 倒入海帶芽拌一下，即可
熄火。

6 一手慢慢注入蛋液，一手
以湯杓在鍋中畫圓，湯呈
現漩渦般旋轉，形成蛋
花。

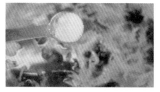

7 最後加鹽調味。

一 肉骨茶

藥膳湯是天氣冷的時候很難不碰的食物，我自己很喜歡的肉骨茶，以往都是放入大量的排骨去燉煮，排骨的油脂多、熱量高，減醣飲食之後，減少它的量，讓湯頭有一點油香即可，其餘食材放入白蘿蔔、杏鮑菇這類耐燉煮又清甜的蔬食，絲毫不遜色！

★分量：8
★總淨碳值：76.1 公克
★單分淨碳值：9.5 公克

【材料】

排骨⋯⋯100 公克
白蘿蔔⋯⋯200 公克
杏鮑菇⋯⋯50 公克
蒜頭⋯⋯40 公克
米酒⋯⋯1 小匙
鹽⋯⋯1 小匙
肉骨茶⋯⋯1 包 (約 90 公克)
水⋯⋯1500cc

【做法】

1 準備一鍋滾水，加入 1 小匙米酒，將排骨燙過去血水。

2 白蘿蔔和杏鮑菇皆切大塊；蒜頭去皮即可。

3 將白蘿蔔、蒜頭和水放入鍋中，肉骨茶藥包若有枸杞，先取出備用，其餘一起放入鍋中。

4 蓋鍋後煮滾轉為小火，燉煮 20 分鐘後，加入杏鮑菇及枸杞，再煮 10 分鐘。

5 最後加鹽調味即完成。

皇帝豆味噌湯

日本人的味噌湯煮法，為了保留味噌香氣，不是放入跟著湯一起煮，而是先用熱湯將味噌調開，熄火後才倒入。這道味噌湯可以搭配的食材很多，我特別放了自己很喜歡的皇帝豆。皇帝豆含有豐富的鐵和蛋白質，口感非常鬆軟，不過不易煮爛，拿來跟別的菜一起炒的時候，可以先煮過或蒸過，才不致炒出來口感還是很硬。

★分量：5
★總淨碳值：44.1 公克
★單分淨碳值：8.8 公克

【材料】

味噌……30 公克
皇帝豆……180 公克
豆腐……200 公克
海帶芽……5 公克
日式昆布柴魚高湯……1000cc
(日式昆布柴魚高湯做法請參
考第 17 頁)

【做法】

1 皇帝豆洗好備用。皇帝豆
一次買太多的話，可洗好
後分裝冷凍，要煮湯的時
候不需要解凍，直接使用
即可。

2 鍋中放入高湯及皇帝豆，
煮至皇帝豆熟軟之後，再
放入切好的豆腐塊。

3 將正在煮的湯舀一勺到裝
味噌的小碗中，拌合讓味
噌化開。

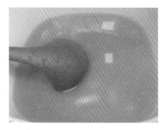

4 湯煮好後，熄火才加入味
噌拌勻。

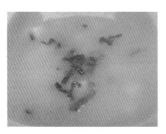

5 加入海帶芽不必再度加
熱，海帶芽過一下就會展
開。

酸辣湯

又酸又辣的酸辣湯是很多人喜歡的開胃湯品，但傳統做法需勾芡，大量的太白粉讓一碗湯的醋分過高。這道不需要勾芡的酸辣湯，利用金針菇本身的黏性，讓湯可以呈現勾過薄芡的口感，健康許多！酸辣湯的酸來自醋，辣來自白胡椒粉，這兩樣調味料都可以依照個人喜好增減。

★分量：4
★總淨碳值：22 公克
★單分淨碳值：5.5 公克

【材料】

蒜頭……10 公克
青蔥……10 公克
紅蘿蔔……30 公克
鮮香菇……50 公克
黑木耳……50 公克
金針菇……200 公克
板豆腐……150 公克
水……1000cc
香油……1 大匙

〔調味料〕
無糖醬油……1 小匙
白胡椒粉……1 小匙
烏醋……2 大匙
羅漢果糖或赤藻糖醇……
1 小匙
鹽……1/2 小匙

【做法】

1 金針菇洗淨後切掉根部再切碎；蒜與青蔥切末。

2 紅蘿蔔去皮、鮮香菇切去蒂頭，與黑木耳都切成絲。

3 板豆腐切短條狀。

4 鍋中加適量油，先放入蒜末炒香，再放入紅蘿蔔絲、香菇絲及黑木耳絲炒過。

5 倒入水之後，再放入金針菇碎，蓋鍋煮至食材熟軟、金針菇釋出滑滑的口感。

6 接著加入豆腐煮一下。

7 加入所有的調味料拌勻，熄火後加入蔥末及香油。

療癒點心及下午茶

07

誰說減醣不能吃甜點？

只要把醣分和熱量控制好，善用不同的食材取代，

或減少醣分高的食材，並且掌握好一次吃進去的量，

在正餐之餘想要來點不一樣的變化，一點都不難！

無麩質黃豆小雪球

這款充滿日式風味的黃豆粉小雪球，口感很接近一般餅乾，而且其中少量的粉類，也以蓬萊米粉取代麵粉，無麩質飲食的朋友也可以吃！沒有使用奶油的餅乾，它的麵團較鬆散，不是那麼好塑形，我的方式是不要放在兩手掌心搓圓，很容易散掉，將麵團放在一手的掌心，另一手以指尖慢慢塑形，會更容易操作。

★分量：8
★總淨碳值：33.3 公克
★單分淨碳值：4.2 公克

【材料】

黃豆粉……20 公克
蓬來米粉……25 公克
杏仁粉……30 公克
羅漢果糖或赤藻糖醇……25
公克
玄米油 (或其他味道不重的
植物油)……30 公克

〔黃豆糖粉〕
黃豆粉……5 公克
羅漢果糖……3 公克

【做法】

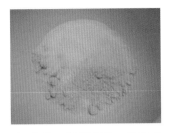

1 準備一個調理盆，放入杏仁粉、羅漢果糖，以及過篩的黃豆粉和蓬來米粉。

2 倒入油後，先拌成鬆散的粉團。

3 再用手拌合成團，捏一塊起來是可以順利成團的即可。若太乾再加少許的油。

4 預熱烤箱：上火 170℃，下火 150℃。餅乾麵團分成 15 公克一個，盡量塑成圓形即可。

5 放入預熱好的烤箱中烤 20 分鐘，再燜 5 分鐘。

6 出爐先不移動餅乾，等溫度降至溫溫的程度，再倒入混合〔黃豆糖粉〕的容器中，裹上一層。

海苔起司薄餅

減醣的時候偶爾很想吃個鹹的餅乾，這個海苔起司薄餅不只好做，而且也好吃！它不需要加任何的糖，微鹹的味道來自鹽和起司粉。如果沒有海苔粉，用一般的海苔撕碎也可以。食材的搭配可以自己做變化，像是洋蔥粉、咖哩粉、紅椒粉等，都很適合做成鹹餅乾。

★分量：25
★總淨碳值：77 公克
★單分淨碳值：3.1 公克

【材料】

低筋麵粉……100 公克
鹽……1 公克
起司粉……5 公克
白芝麻……5 公克
海苔粉……1 公克
玄米油 (或其他味道不重的植物油)……20 公克
水……25-28 公克

【做法】

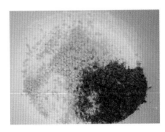

1 準備一個調理盆，放入過篩的低筋麵粉、鹽、起司粉、白芝麻及海苔粉。

2 倒入油後，先拌成鬆散的粉團，再分次加入水，直到成團。

3 找一個乾淨的塑膠袋，放入麵團，擀成方形片狀，厚度約 0.3 公分。預熱烤箱：上火 170 ℃，下火 150℃。

4 拆開塑膠袋之後，放在舖了烘焙紙或烘焙布的烤盤上，再用刮板切成小方形。

5 用小叉子在餅乾上面戳洞，防止烤焙的時候浮起。

6 放入預熱好的烤箱，烤 20-25 分鐘，出爐後放一下定型，再移到置涼架。

香蕉戚風蛋糕

做低醣甜點的時候，我喜歡運用天然水果來增加甜味。這個戚風蛋糕用到香蕉，香蕉如果單吃又吃很多的話，當然容易讓熱量和醣分過高，但只用 200 公克，就可以做出一個鬆軟又香甜的 6 吋蛋糕，平均一片的淨碳值只有 5.3 公克，真的很划算！無論是生酮還是低醣蛋糕，有許多都用了大量泡打粉去增加蓬鬆度，但戚風蛋糕是靠著蛋白打發，不需要加任何膨脹劑，重視健康的朋友一定要學起來！

★分量：6
★總淨碳值：31.8 公克
★單分淨碳值：5.3 公克

【材料】

蛋……4 個
鮮奶……50 公克
椰子油……50 公克
杏仁粉……70 公克
香蕉 (去皮後)……200 公克
羅漢果糖或赤藻糖醇……30
公克

【做法】

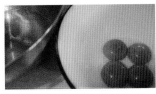

1 把蛋白跟蛋黃分開，蛋白冷藏，蛋黃放室溫。蛋白必須放在完全乾燥、乾淨的料理盆。烤箱以上下火160°C預熱。

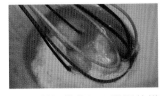

2 蛋黃打散後加入微溫的鮮奶與椰子油拌勻。

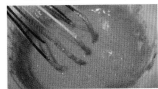

3 加入杏仁粉拌勻。

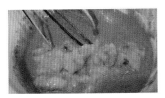

4 香蕉用叉子背面壓成泥，加入拌勻，即完成蛋黃糊。

5 蛋白打至起粗泡、蛋筋打散後加入一半的羅漢果糖，繼續打到紋路出現再加剩下的一半。

6 蛋白打到九分發，狀態約為打蛋器提起時有堅挺的彎勾狀。

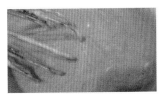

7 將打發的蛋白取 1/3 到蛋黃糊，輕輕拌勻到大部分混合。

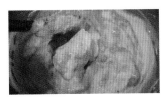

8 再倒回蛋白那一盆，用攪拌刮刀以輕、快的方式切拌至兩者完全混合。

9 快速倒入 6 吋的戚風蛋糕模中，可用竹籤或筷子在蛋糕糊中劃圈排出大氣泡，接著小心拿起在桌面上輕敲兩下，排出剩餘的氣泡，放入烤箱烤約 40分鐘。

10 烤好後的戚風蛋糕必須立刻倒扣，直到完全放涼才能脫模。

草莓生乳捲

草莓盛產的時候，滿街的草莓甜點真的很誘人！這個草莓生乳捲雖然費工了點，但吃進去的時候覺得一切真值得！蛋糕體我使用日本現下風行的豆渣粉，它因為高纖，所以淨碳值很低，做出來的蛋糕有一種特別的纖維顆粒感，我自己很喜歡。切好的生乳捲蛋糕，一口可以吃到蛋糕、香甜的草莓和鮮奶油，非常幸福！

★分量：6
★總淨碳值：23.4 公克
★單分淨碳值：3.9 公克

【材料】

蛋……4 個
植物油……50 公克
無糖杏仁奶……70cc
杏仁粉……35 公克
豆渣粉……30 公克
羅漢果糖或赤藻糖醇……
50 公克

〔內餡〕
羅漢果糖或赤藻糖醇……
15 公克
動物性鮮奶油……150 公克
草莓……150 公克

【做法】

1 把蛋白跟蛋黃分開，蛋白冷藏，蛋黃放室溫。蛋白必須放在完全乾燥、乾淨的料理盆。烤箱以上下火160°C預熱。

2 蛋黃打散後加入杏仁奶與植物油（味道不重的油皆可）拌勻，接著加入杏仁粉與過篩的豆渣粉拌勻。

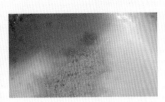

3 蛋白打至起粗泡、蛋筋打散後加入一半的羅漢果糖，繼續打到紋路出現再加剩下的一半。

4 蛋白打到九分發，狀態約為打蛋器提起時有堅挺的彎勾狀。

5 將4取1/3到蛋黃糊拌九分勻，再倒回蛋白那一盆，用攪拌刮刀以輕、快的方式切拌至兩者完全混合。

6 蛋糕糊倒入鋪了烘焙紙的烤盤（28公分×28公分方型烤盤）中，用刮板將表面整平。放入烤箱之前再輕震兩下趕出大氣泡。

7 放入烤箱烤25-30分鐘，直到表面變得乾爽。

8 取出蛋糕立刻脫模，放在置涼架上，再快速將底面翻上來，撕除黏在蛋糕上的烘焙紙，蓋回去一起放涼，防止表面乾燥。

9 草莓洗淨後去蒂頭，徹底搓乾之後再切成小塊。

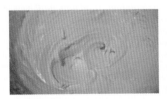

10 將〔內餡〕的鮮奶油加入羅漢果糖一起打到7分發，冷藏備用。

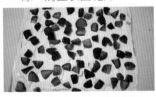

11 準備一張大張的烘焙用白報紙或烘焙紙，蛋糕片放在上面，抹上鮮奶油。靠近自己的1/3處抹多一點，最後端留一點不要抹，以免捲到終點時爆餡。

12 拉起白報紙慢慢往前捲，捲到底時確定收口處在下方。兩端白報紙捲成糖果形狀，放入冰箱冷藏定型至少半天。

芒果冰淇淋

盛產時的愛文芒果非常美味，家裡剩下吃不完的芒果，我都會用來做成冰淇淋。這個冰淇淋的製作非常簡單，不需要冰淇淋機，只要冰進冷凍庫，每兩小時拿出來翻鬆，半天就有綿密好吃的芒果冰了！芒果的話不一定要使用愛文，可以使用自己喜歡的品種。

★分量：8
★總淨碳值：83.2 公克
★單分淨碳值：10.4 公克

【材料】

愛文芒果……650 公克
奶油起司……150 公克
無糖原味優格……250 公克

【做法】

1 芒果洗淨後去皮切塊。

2 將芒果放進耐冷凍的保鮮袋，冰入冷凍庫約 2 小時。同時間將奶油起司置室溫軟化。

3 將冷凍過的芒果塊、軟化後的奶油起司及優格放入料理盆中。

4 用電動攪拌棒或果汁機打至均勻。

5 放入耐冷凍的器皿中，蓋上蓋子，冰入冷凍庫。

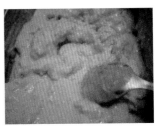

6 每兩小時拿出來用湯匙攪拌翻鬆，能讓口感更加綿密，全程冰約 6-8 小時可完成。

酒香鳳梨冰

自己做的冰淇淋雖然不如市售的綿密，但少掉非常多添加物和額外的糖，吃起來更加安心！
這個鳳梨優格冰淇淋利用盛產的鳳梨來製作，鳳梨本身就很甜，完全不用加糖也很好吃。它
的口感藉於冰砂與冰淇淋之間，做法非常簡單！

★分量：6
★總淨碳值：46.2 公克
★單分淨碳值：7.7 公克

【材料】

鳳梨……300 公克
無糖優格……150 公克
動物性鮮奶油……150 公克
柑橘利口酒……1 小匙

【做法】

1 鳳梨去皮、去芯之後先切成小塊。

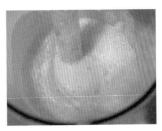

2 所有材料全部放入果汁機或攪拌杯，攪打均勻。

3 喜歡酒香的話，可以加入 1 小匙喜愛的酒拌勻，我加的是柑橘利口酒。

4 放入耐冷凍的器皿中，蓋上蓋子，冰入冷凍庫。

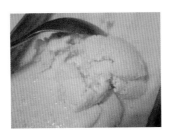

5 每兩小時拿出來用湯匙攪拌翻鬆，能夠讓口感更加綿密，全程冰約 6-8 小時可完成。

豆奶酪

這個豆奶酪是我家很常出現的凍類甜點，因為很懷念那種豆花上面淋的古早味糖水，發現淋上一點黑糖水，味道就很像！吉利丁片是一種動物骨膠製成的結凍劑，它並非素食。吉利丁片融化的最佳溫度是 50-60℃，所以豆漿不需要煮到滾。這個分量可以做出 4 瓶保羅瓶大小的豆奶酪。

★分量：4
★總淨碳值：9.4 公克
★單分淨碳值：2.4 公克

【材料】

無糖豆漿……400 公克
羅漢果糖或赤藻糖醇……30
公克
吉利丁片……8 公克
黑糖……10 公克
熱水……4 公克

【做法】

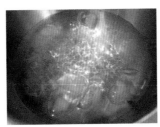

1 吉利丁片剪成幾段後，泡冰水軟化。

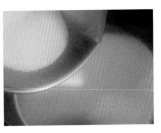

2 無糖豆漿和羅漢果糖加入鍋中，以小火邊攪拌邊煮至鍋邊冒小泡泡。

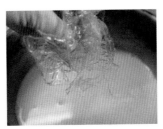

3 將軟化的吉利丁片擠乾，熄火後放入鍋中攪拌，直到完全融化。

4 倒入耐熱的容器中，並撈除表面的小泡泡。

5 待冷卻後包覆保鮮膜，冷藏至少 4 小時。

6 將黑糖加入熱水後攪勻，涼了之後可淋在豆奶酪上。

杏仁豆腐

杏仁豆腐是小時候去港式飲茶餐廳的時候，飯後最美好的甜點回憶！杏仁凍QQ的，配上微酸的水果，美味無比！這個做法是先做杏仁茶，再把它做成凍，所以難度不高。北杏帶點苦味，卻有濃厚的杏仁味，通常做杏仁茶會加一點，但為了方便，全部使用南杏也沒問題。

★分量：5
★總淨碳值：53.2 公克
★單分淨碳值：10.6 公克

【材料】

南杏仁……150 公克
水……600 公克
吉利丁片……15 公克
羅漢果糖或赤藻糖醇……30
公克
芒果……50 公克
鳳梨……50 公克

【做法】

1 南杏泡水一晚；吉利丁片剪成幾段後，泡冰水軟化。

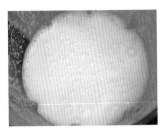

2 南杏加水之後，以強力的果汁機或調理機打成汁。

3 用濾網濾出杏仁渣(杏仁渣有不少料理運用，可冷凍保存)。

4 瀝出的杏仁湯與羅漢果糖一起倒入鍋中，煮至微滾。

5 將軟化的吉利丁片擠乾，熄火後放入鍋中攪拌，直到完全融化。

6 倒入耐熱的容器中，冷卻後蓋上蓋子，冷藏至少 4 小時。食用前切塊，搭配水果丁一起吃。

雙層巴斯克乳酪蛋糕

很多生酮或低醣甜點和一般凡人版的甜點吃起來有差距，是因為糖和麵粉在甜點中有它一定的作用，代換成低醣食材，口感就會差很多。不過巴斯克乳酪蛋糕卻沒有這個問題，糖沒有太大作用，放入的麵粉量極少，也只是為了增加定型，重點是做出來的口感幾乎沒有差別。製作起來相當簡單的乳酪蛋糕，做成生日蛋糕也適合！

★分量：6
★總淨碳值：23.5 公克
★單分淨碳值：3.9 公克

【材料】

奶油乳酪……250 公克
羅漢果糖或赤藻糖醇……70
公克
蛋……2 個
香草籽……少許
動物性鮮奶油……150 公克
杏仁粉……20 公克
紫薯粉……15 公克

【做法】

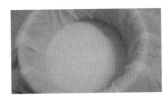

1 準備一個 6 吋圓型蛋糕模，將烘焙紙撕一大張，摺入慢慢緊貼蛋糕模，有皺褶是正常的，這也是巴斯克乳酪蛋糕的特色外型。

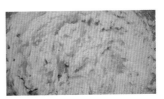

2 烤箱以上下火 200 ℃ 預熱，奶油乳酪放置室溫軟化，以電動打蛋器打軟，再加入細砂糖打勻。

3 一次加入一顆蛋，每次加入都要打勻。

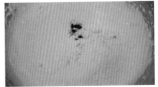

4 之後加入香草籽和杏仁粉拌勻。

5 再分次加入鮮奶油，攪拌均勻。

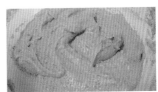

6 麵糊分一半出來（約 250 公克），加入過篩的紫薯粉拌勻。

7 如果有小結塊，可以過篩。先將紫薯蛋糕糊倒入烤模中，放入烤箱烤 10 分鐘。

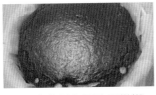

8 取出後倒入原味蛋糕糊，繼續烤約 30 分鐘，頂部呈現棕焦色。

9 出爐冷卻後緊貼一張保鮮膜，送入冰箱冷藏至少半天再食用。

芋泥素鬆捲

芋泥配肉鬆很對味，配上素鬆也很好吃！這道素食的中式點心，久久會想吃一次。芋頭雖然醣分不低，但至少是天然的澱粉，用低醣的千張豆腐皮去包裹，芋泥中加了椰子油，香味更有層次。這樣做出來的一捲非常大，切成兩半，一分就是很令人滿足的減醣小點心！

★分量：8
★總淨碳值：85 公克
★單分淨碳值：10.6 公克

【材料】

芋頭……300 公克
羅漢果糖或赤藻糖醇……30
公克
鮮奶……20 公克
椰子油……10 公克
素鬆……20 公克
千張豆腐皮……4 張

〔麵糊〕
低筋麵粉……1 小匙
水……2 小匙

【做法】

1 芋頭削皮後切厚片，放入電鍋中外鍋放 1.5 米杯水蒸熟。

2 蒸好後趁熱以搗泥器或叉子背面壓成泥。

3 放入羅漢果糖、鮮奶及椰子油攪拌至綿密。

4 趁熱將芋泥鋪於豆腐皮上，再灑上素鬆，最後再鋪一層芋泥。

5 捲起並在末端塗上麵糊(麵粉加水調勻)以利黏合。

6 鍋中放入 3 大匙油，兩面煎至焦色即可起鍋，一捲再切對半。

i　健　康　0　6　0

我的減醣高植餐桌—高比例蔬食減脂對策：66道常備品‧
家常料理‧早餐‧涼拌‧湯品‧點心

國家圖書館出版品預行編目（CIP）資料

我的減醣高植餐桌—高比例蔬食減脂對策：66道常備品‧家
常料理‧早餐‧涼拌‧湯品‧點心／胖仙女（蔡宓苓）著. --
初版. -- 台北市：健行文化出版事業有限公司出版：九歌出
版社有限公司發行, 2022.12
　　面；　公分. --（i 健康；60）
ISBN 978-626-7207-05-5（平裝）

1.CST: 食譜 2.CST: 減重

427.1　　　　　　　　　　　　　　　　　　　111016282

作　　　者 —— 胖仙女（蔡宓苓）
攝　　　影 —— 胖仙女（蔡宓苓）
責任編輯 —— 曾敏英
發 行 人 —— 蔡澤蘋
出　　　版 —— 健行文化出版事業有限公司
　　　　　　　台北市 105 八德路 3 段 12 巷 57 弄 40 號
　　　　　　　電話 / 02-25776564‧傳真 / 02-25789205
　　　　　　　郵政劃撥 / 0112295-1

九歌文學網　www.chiuko.com.tw

印　　　刷 —— 前進彩藝有限公司
法律顧問 —— 龍躍天律師‧蕭雄淋律師‧董安丹律師
發　　　行 —— 九歌出版社有限公司
　　　　　　　台北市 105 八德路 3 段 12 巷 57 弄 40 號
　　　　　　　電話 / 02-25776564‧傳真 / 02-25789205

初　　　版 —— 2022 年 12 月
定　　　價 —— 380 元
書　　　號 —— 0208060
I S B N —— 978-626-7207-05-5
　　　　　　　9786267207062 (PDF)